生活中的数学

杨　峰
吴　波　◎编著

清華大學出版社
北　京

图书在版编目(CIP)数据

生活中的数学 / 杨峰，吴波编著. -- 北京 ：清华大学出版社，2015 (2024.4 重印)
ISBN 978-7-302-41321-9

Ⅰ. ①生… Ⅱ. ①杨… ②吴… Ⅲ. ①数学—普及读物 Ⅳ. ①O1-49

中国版本图书馆 CIP 数据核字(2015)第 195415 号

责任编辑：张立红
封面设计：杨 丹
版式设计：方加青
责任校对：杨静琳
责任印制：杨 艳

出版发行：清华大学出版社
网 址：https://www.tup.com.cn，https://www.wqxuetang.com
地 址：北京清华大学学研大厦 A 座 邮 编：100084
社 总 机：010-83470000 邮 购：010-62786544
投稿与读者服务：010-62776969，c-service@tup.tsinghua.edu.cn
质 量 反 馈：010-62772015，zhiliang@tup.tsinghua.edu.cn
印 装 者：三河市龙大印装有限公司
经 销：全国新华书店
开 本：170mm×240mm 印 张：14.75 字 数：221 千字
版 次：2015 年 9 月第 1 版 印 次：2024 年 4 月第 17 次印刷
定 价：35.00 元

产品编号：065753-01

前言

在2002年国际数学大会上，著名的美藉华裔数学家陈省身先生为少年儿童题词——“数学好玩”。这是一位世界级数学大师对数学这门学科的感悟和总结，也承载着先生对晚生后辈的无限期许。数学究竟是什么？数学真的好玩吗？本书又是怎样的一本数学书呢？

数学是一切科学的基础，是研究各门科学和技术的工具。与此同时，数学又渗透在我们生活的点点滴滴中。所以，人们历来对数学都很重视，尤其是在中国，数学是每一个学生的必修课。从小学到大学，甚至读到硕士、博士，每一个阶段都需要学习数学，每一个阶段也都要用到数学。在中国，各类数学竞赛也比比皆是——华数、奥数，很多人从小就开始学习数学，参加各类比赛，所以，数学在中国是很有群众基础的！

但是，可能正因为我们有这样的传统，对数学的学习过于看重，才导致许多人对数学望而生畏，敬而远之，有的学生甚至对数学产生了抵触的心理。这样，不但不利于个人数学素质的培养，同时还可能给人们造成心理障碍，对数学产生厌烦和恐惧。

其实数学一点都不可怕，正如陈省身先生为少年儿童的题词“数学好玩”，数学的魅力在于它能帮助我们解决许多实际生活中的问题，数学蕴藏在我们生活的每一个角落。数学从来不是冷冰冰的公式和定理，也绝非是拒人于千里之外的证明和推导，数学本身蕴藏着智慧的巧思和灵感的光芒。我们日常生活中的许多方面都有数学的身影，小到个人的投资理财、交易买卖，大到一个工厂的生产计划、一个项目的进度管理，甚至一项宏观的经济政策，哪一个也离不开数学，所以，数学是活生生的学问。

然而传统的数学书往往把数学搞得过于阳春白雪、“高大上”了，例如，从头至尾都是公式、定理、公理和一堆莫名其妙的与实际毫无关系的习题，这样读者阅读起来一定会感到枯燥乏味，提不起兴趣。所以，本书的创作初衷就是写一本生动有趣、大家都能读得懂、都能从中学到知识的数学书。书中将生活中遇到的问题和一些趣味性较强且蕴含着深刻数学道理的问题进行归纳总结，然后分类讲解。这样，本书就更“接地气”，既有实用性又有趣味性。

总结起来，本书具有以下特点：

1. 思路新颖，生动有趣：本书既包括投资理财、彩票中奖率、偿还房贷等与我们生活息息相关的现实问题，又还包括概率统计、排列组合、博弈论、逻辑、计算机数学、中国古算等内容，形式多种多样，内容丰富多彩，生动有趣，覆盖的知识点也极为丰富。

2. 讲解清晰，简单明了：本书在写作上力求做到深入浅出，清晰明了，没有复杂的逻辑推理和证明，开门见山，直击问题核心。这样使读者阅读起来更加得心应手，易于读者理解和深入学习。

3. 古今相映，兼容并蓄：本书中既编有蕴藏着中国古代劳动人民智慧结晶的中国古算趣题，同时还包含了与人类现代生活紧密相连的计算机数学。一古一新相映成趣，体现了数学的博大精深，也带领读者从多个维度感知数学之美，同时涉猎不同领域的数学知识。

希望本书可以为读者打开一扇重新认识数学的大门，让普通的读者（非专业从事数学研究的人）也能在这些妙趣横生的问题中体会数学的乐趣，感悟数学之美，学到应用数学解决实际问题的方法。

本书由杨峰、吴波组织编写，同时参与编写的还有黄维、金宝花、李阳、程斌、胡亚丽、焦帅伟、马新原、能永霞、王雅琼、于健、周洋、谢国瑞、朱珊珊、李亚杰、王小龙、张彦梅、李楠、黄丹华、夏军芳、武浩然、武晓兰、张宇微、毛春艳、张敏敏、吕梦琪，在此一并表示感谢！

由于本书作者水平有限，不足之处在所难免，真诚希望读者朋友批评斧正。

目录

第1章 生活中美丽的数学

第2章 上帝的骰子——排列组合与概率

第5章 当数学遇到计算机

数学无处不在，它蕴藏在我们生活中的每一个角落。小到日常生活中的柴米油盐，大到个人投资理财、置业经商，无处不渗透着数学，很多问题需要我们使用数学工具对其加以解决。本章我们将日常生活中经常遇到的问题予以抽象，归纳总结出了几类问题，并用数学的方法给予分析和解答。希望读者能从中体会出生活中的数学之美，并学会应用数学的方法处理和解决实际问题。

第1章 生活中美丽的数学

1.1 怎样储蓄最划算

在这个“你不理财，财不理你”的时代，大家都愿意把自己的积蓄拿出来进行投资，例如定期储蓄、理财产品、股票基金、期货期权、贵金属、房地产、艺术品等，希望从中获取收益。投资理财绝不是一两节内容可以讲清楚的，它里面不仅牵扯到数学，还可能牵扯到诸如投资者风险偏好、当前宏观经济形势、各项经济方针政策以及个人对未来中国经济的预期等许多方面，所以，这是一个很大、很复杂的课题。我们今天要讨论的是一个相对单纯简单的问题，帮你算一算以下几种储蓄方式哪种最划算。

假设定期储蓄利率如表1-1所示。

表1-1 定期储蓄利率

年限	利率
一年期	3.25%
二年期	3.75%
三年期	4.25%
五年期	4.75%

注：此表仅作为本题参考使用，不代表真实的利率值。

如果A先生有10万元人民币用于定期储蓄，打算在银行储蓄5年，他有以下几种储蓄方案：

- 直接采用5年期定期储蓄
- 采用2年期+3年期定期储蓄方式
- 采用2年期+2年期+1年期定期储蓄方式
- 采用5个1年期定期储蓄方案

请帮A先生计算一下，哪种储蓄方案收益最大？

分析

在计算该题目之前，我们首先要理清几个常识性的概念。表1-1中所示的利率实际上是年利率，也就是按照相应的年限储蓄，每年可得到的利息率，这里的基本原则是：储蓄的期限越长，年利息率就越高，如果中途取钱，则会被视为违约，那么就会按照活期储蓄的利率（大约0.35%，仅供参考）计算利息。举个例子，如果有100元钱，在银行进行一年期定期存储，1年后则会拿到3.25元的利息；如果是二年期定期存储，2年后则会拿到100×3.75%×2=7.5元的利息；如果是三年期定期存储，3年后则会拿到100×4.25%×3=12.75元的利息；如果是五年期定期存储，5年后则会拿到100×4.75%×5=23.75元的利息。

下面我们分别来计算一下，按照以上四种储蓄方案，10万元存储5年，哪一种储蓄方案得到的总利息最多？

1. 直接采用5年期定期储蓄方案

这种储蓄方案最容易计算，5年后得到的利息总额为：100 000×4.75%×5=23 750元。

2. 采用2年期+3年期定期储蓄方案

头两年的利息总额为：100 000×3.75%×2=7 500元，从第三年开始转为一个3年期的定期储蓄，因此本金总额变为100 000+7 500=107 500元。

这里就有了一个复利的概念。一般情况下，银行的单期定期存款中是不算复利的，这也就是为什么我们在计算三年期或五年期等定期储蓄的利息时，只是将本金乘以年利率再乘以储蓄期限，而不将头一年的利息加到第二年（复利，或叫做利滚利）的原因。但是，如果定期存款约转到第二个存储期限，则要将上一期的利息添加到本期储蓄的本金当中（如果是定期约转则会自动加上上一期的利息，我们这里假设都是计算复利的）。

其实很简单，100 000元人民币，在第一个2年期的储蓄期限中共得到了7 500元的利息，那么在下一个3年期的储蓄期限中，就要在储蓄的本金中加入上一期的利息7 500元，因此这样本金总额变为107 500元。

在下一个3年期的定期储蓄中，A先生又会得到107 500×4.25%×3=13 706.25元的利息。这样5年后A先生拿到的钱为107 500+13 706.25=121 206.25元，所以，5年中的总利息为121 206.25−100 000=21 206.25元。可见还是小于直接定期储蓄5年所得到的利息。

有些读者可能会想到一个很有意思的问题：采用2年期+3年期的定期储蓄方案与采用3年期+2年期的定期储蓄方案相比，哪种方案在五年之后获得的利息更多呢？通过简单的计算不难发现，两种储蓄方案在收益上没有任何区别，在5年之后获得的总利息相同，都为21 206.25元。

3. 采用2年期+2年期+1年期定期储蓄方案

头两年的利息总额为：100 000×3.75%×2=7 500元，从第三年起，下一个2年期定期储蓄的本金包含了复利，变为100 000+7 500=107 500元。

在第二个2年期储蓄中得到的利息总额为：107 500×3.75%×2=8 062.5元。

从第4年开始转入了下一个1年期的定期储蓄阶段，新的本金包含的复利变为107 500+8 062.5=115 562.5元。1年后得到利息为115 562.5×3.25%=3 755.781 25元。

因此按照这种储蓄方案，A先生在5年中获得的总利息为7 500+8 062.5+3 755.781 25=19 318.281 25元。可见还是小于直接定期储蓄5年所得到的利息。

4. 采用5个1年期定期储蓄方案

这种情况计算比较简单，只要把每年得到的利息都加到下一年的本金中再计算利息即可。

第一年的利息：100 000×3.25%=3 250元；

第二年的利息：103 250×3.25%=3 355.625元；

第三年的利息：106 605.625×3.25%=3 464.682 812 5元

第四年的利息：110 070.307 812 5×3.25%=3 577.285 003 906 25元

第五年的利息：113 647.592 816 406 25×3.25%=3 693.546 766 533 203 125元

因此5年中A先生共可获得利息约为：3 250+3 355.6+3 464.7+3 577.3+3 693.5=17 341.1元。

其实有一种更为简便的方法计算这种储蓄方案的总利息，我们先来计算一下采用5个1年期定期储蓄方案的第5年的本息金额：

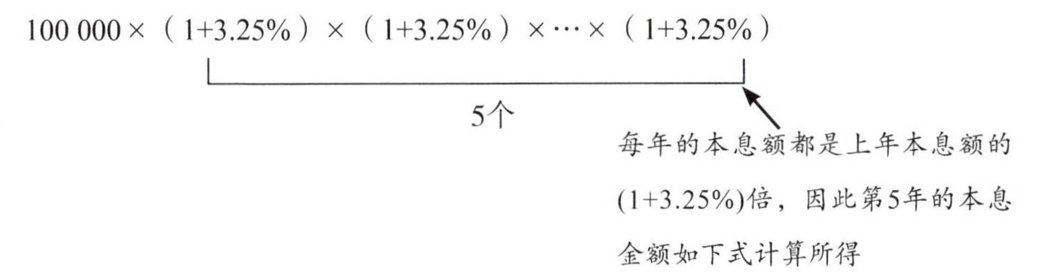

$$=100\,000\times(1+3.25\%)^5=117\,341.139\,582\,939\,453\,125$$

将第5年的本息金额减去本金100 000元，这样便得到了5年的总利息为117 341.139 582 939 453 125−100 000=17 341.139 582 939 453 125≈17 341.14元

可见这种储蓄方案还是小于直接定期储蓄5年所得到的利息。

从上面的计算中，我们可以得出结论：A先生直接采用5年期定期储蓄方案在5年后得到的利息最多，而采用5个1年期定期储蓄方案（尽管将复利也计算进去）得到的利息最少。

同时细心的读者不难发现，整存期限越长的储蓄方案得到的总利息越多。即：直接采用5年期定期储蓄的利息>采用2年期+3年期定期储蓄方案的利息>采用2年期+2年期+1年期定期储蓄方案的利息>采用5个1年期定期储蓄方案的利息。这说明银行还是鼓励客户尽量把钱长期地储存在银行当中，这样银行一方就有更多的资金储备，以便资金的流动（例如发放贷款），银行发放贷款的利息一定大于付给客户存款的利息，两者之间的差额叫做息差，赚取息差是银行最重要的盈利模式之一。

从投资者（储户）的角度来看，究竟选择哪种储蓄方案还需根据个人需求而定。虽然5年期的总利息最多，但是前提是要保证这笔资金5年都存在银行中，这样无形中就降低了货币的使用率和流动性，从而失掉了一些其他的投资机会，在通胀率很高的时期就只能待在银行里贬值。因此，如何选择储蓄方案并无一定之规，要根据客户的实际情况做出判断。

1.2 高利贷中的暴利

高利贷是一种民间借贷形式，在我国自古有之。由于高利贷利息过高，侵犯了借贷人的利益，因此这种借贷形式是不受法律保护的，大家都应该通过正规渠道进行贷款。

在我国最常见的一种高利贷形式叫做“驴打滚”。这个名字很形象，意思就是本金逐月增加，利息逐月成倍增长，像驴打滚一样。“驴打滚”的借贷期限一般为一个月，月息一般为3～5分（3%～5%），如果到期不还，则将利息计入下月本金（复利）。这样累计下来本金越来越高，利息越来越多，往往使借贷者损失惨重。

假设A先生急需用钱，向一家私人钱庄借高利贷20万元，双方约定采用

“驴打滚”的借贷方式，月息定为5分。如果A先生借款一年，那么最终A先生要还给这家钱庄多少钱呢?

分析

如果明白了“驴打滚”的高利贷方式就不难算出本题了。对于20万元，一个月的利息为5分，也就是5%，那么一个月后应支付的利息额为20万×5%=1万。这1万元利息会加到下个月的本金中继续计算。这样，一个月后连本带息的总金额为20万×（1+5%）=21万，这21万元就是第二个月的本金。依此类推，如果A先生借款一年，那么，最终A先生连本带利需要还给钱庄

$$20万\times\underbrace{(1+5\%)\times(1+5\%)\times\cdots\times(1+5\%)}_{12个月}=20万\times(1+5\%)^{12}\approx35.9万$$

A先生借款20万元，一年后要还35.9万元，这样算来年贷款利率大约为

$$(35.9-20)/20\times100\%=79.5\%$$

这可要比任何一家银行的贷款利率都高得多（银行的年贷款利率约为6%～8%）。所以足见高利贷是何等的暴利了。

知识扩展　巧算高次幂

在上面的题目中，我们要计算$(1+5\%)^{12}$，这个算式计算起来不是很容易的。当然我们可以用计算器或者一些计算软件轻易地得到答案。但是在早些年还没有计算机和计算器，我们如何方便、快捷地得到结果？难道要用笔一步一步地计算吗？方法当然比这要简单得多了。

我们可以借助自然对数表进行查表求值。设$x=(1+5\%)^{12}$，等式两边求自然对数：

$$\ln x=\ln(1+5\%)^{12}$$

$$\ln x=12\ln(1+5\%)$$

$$\ln x=12\ln1.05$$

我们可以通过查自然对数表计算ln1.05，自然对数表入下图所示：

N	0	1	2	3	4	5	6	7	8	9
1.0	0.000 0	0.010 0	0.019 8	0.029 6	0.039 2	0.048 8	0.058 3	0.067 7	0.077 0	0.086 2
1.1	0.095 3	0.104 4	0.113 3	0.122 2	0.131 0	0.139 8	0.148 4	0.157 0	0.165 5	0.174 0
1.2	0.182 3	0.190 6	0.198 9	0.207 0	0.215 1	0.223 1	0.231 1	0.239 0	0.246 9	0.254 6
1.3	0.262 4	0.270 0	0.277 6	0.285 2	0.292 7	0.300 1	0.307 5	0.314 8	0.322 1	0.329 3
1.4	0.336 5	0.343 6	0.350 7	0.357 7	0.364 6	0.371 6	0.378 4	0.385 3	0.392 0	0.398 8
1.5	0.405 5	0.412 1	0.418 7	0.425 3	0.431 8	0.438 3	0.444 7	0.451 1	0.457 4	0.463 7
1.6	0.470 0	0.476 2	0.482 4	0.488 6	0.494 7	0.500 8	0.506 8	0.512 8	0.518 8	0.524 7
1.7	0.530 6	0.536 5	0.542 3	0.548 1	0.553 9	0.559 6	0.565 3	0.571 0	0.576 6	0.582 2
1.8	0.587 8	0.593 3	0.598 8	0.604 3	0.609 8	0.615 2	0.620 6	0.625 9	0.631 3	0.636 6
1.9	0.641 9	0.647 1	0.652 3	0.657 5	0.662 7	0.667 8	0.672 9	0.678 0	0.683 1	0.688 1

图1-1　自然对数表片断

该表中最左边的纵向一列表示ln*N*中*N*的个位和十分位，最上边横向一行表示*N*的百分位。例如要计算ln1.08，这要找到纵向1.0这一行，横向为8这一列，如图1-2所示

N	0	1	2	3	4	5	6	7	8	9
1.0	0.000 0	0.010 0	0.019 8	0.029 6	0.039 2	0.048 8	0.058 3	0.067 7	0.077 0	0.086 2
1.1	0.095 3	0.104 4	0.113 3	0.122 2	0.131 0	0.139 8	0.148 4	0.157 0	0.165 5	0.174 0

图1-2　查表计算ln1.08

因此ln1.08≈0.077。

那么通过查表，我们很容易就计算出ln1.05≈0.048 8。

这样ln*x* = 12ln1.05≈0.585 6。下面我们继续通过查表计算*x*。

在自然对数表中我们可以近似地查到ln1.79=0.582 2，所以*x*≈1.79，即（1+5%）^{12}≈1.79。虽然查表法没有计算器得到的结果精确，但是如果对精度的要求不高，还是可以采用这个方法进行估算的。

1.3　如何偿还房贷

买房已成为当下年轻人所面临的严峻现实。在中国传统的“成家立业”思想的影响下，买房已成为人们的一项刚性需求。可是节节攀升的房价又令人

望而却步，少则一百多万，多则几百上千万的房价实在不是一般上班族所能负担得起的，于是向银行贷款几乎成为年轻人实现买房梦的唯一渠道。也正因为此，还贷一族在都市年轻人中的比例越来越高，每个月领完薪水的第一件事就是向还贷的账户里打钱……

目前银行规定的还款方式可分为两种：等额本息还款法和等额本金还款法。等额本息还款法是在贷款期内每个月以相等的额度平均偿还银行的贷款本息，其计算公式为：

$$每月还款额=\frac{贷款本金\times 月利率\times (1+月利率)^{还款月数}}{(1+月利率)^{还款月数}-1}$$

等额本金还款法是在贷款期内，每个月等额偿还贷款本金，贷款利息随本金逐月递减，其计算公式为：

$$每月还款额贷=\frac{贷款本金}{贷款期月数}+(贷款本金-已还本金累计额)\times 月利率$$

假设银行的贷款利率如表1–2所示。

表1–2　银行贷款利率

贷款年限（年）	年利率	月利率
1	5.31%	4.42‰
2	5.40%	4.50‰
3	5.40%	4.50‰
4	5.76%	4.80‰

续表

贷款年限（年）	年利率	月利率
5	5.76%	4.80‰
6	5.94%	4.95‰
7	5.94%	4.95‰
8	5.94%	4.95‰
9	5.94%	4.95‰
10	5.94%	4.95‰

A先生从银行贷款100万元，贷款年限为10年，请计算一下A先生采用等额本息法还款和等额本金法还款，分别要还给银行多少钱?

分析

首先计算采用等额本息法还款需要还给银行的钱数。我们只需要套用上面的公式计算出每个月的还款额再乘以贷款期限就可以了。

贷款本金为100万元=1 000 000元

还款月数为10年×12月/年=120月

月利息率为4.95‰

将上述三个值代入前面提到的公式中即可计算出等额本息还款每月的还款额：

$$每月还款额=\frac{1\,000\,000\times\frac{4.95}{1\,000}\times(1+\frac{4.95}{1\,000})^{120}}{(1+\frac{4.95}{1\,000})^{120}-1}$$

$$\approx 11\,071.94$$

这样10年后会还给银行11 071.94×120≈1 328 633.22元

我们再来计算采用等额本金还款法需要还给银行的钱数。由于等额本金还款每个月的还款金额都不一样，所以，我们需要应用一些技巧来进行计算。

已知贷款本金为100万元=1 000 000元

贷款期月数为10年×12月/年=120月

月利息率为4.95‰

设第i月的还款金额为A_i，则有

$$A_1=\frac{1\ 000\ 000}{120}+(1\ 000\ 000-0)\times\frac{4.95}{1\ 000}$$

$$A_2=\frac{1\ 000\ 000}{120}+(1\ 000\ 000-\frac{1\ 000\ 000}{120}\times1)\times\frac{4.95}{1\ 000}$$

$$A_3=\frac{1\ 000\ 000}{120}+(1\ 000\ 000-\frac{1\ 000\ 000}{120}\times2)\times\frac{4.95}{1\ 000}$$

……

$$A_n=\frac{1\ 000\ 000}{120}+[1\ 000\ 000-\frac{1\ 000\ 000}{120}\times(n-1)]\times\frac{4.95}{1\ 000}$$

现在要计算$A_1+A_2+\cdots+A_{120}$的总和，我们可以按照下面的方法计算。

先计算出$A_1+A_2+\cdots+A_{120}$的前n项和。令$S_n= A_1+A_2+\cdots+A_n$，则可将上面式子中的等号右边的部分相加，可得

$$S_n=n\frac{1\ 000\ 000}{120}+\frac{4.95}{1\ 000}[1\ 000\ 000n-\frac{1\ 000\ 000}{120}\times(1+2+3+...+n-1)]$$

$$S_n=n\frac{1\ 000\ 000}{120}+\frac{4.95}{1\ 000}[1\ 000\ 000n-\frac{1\ 000\ 000}{120}\times\frac{n(n-1)}{2}]$$

再将n=120代入上述公式中，计算可得

$$S_{120}=120\times\frac{1\ 000\ 000}{120}+\frac{4.95}{1\ 000}(1\ 000\ 000\times120-\frac{1\ 000\ 000}{120}\times\frac{120\times119}{2})$$

$$S_{120}=1\ 299\ 475$$

因此，采用等额本金还款法还贷10年后会还给银行1 299 475元。

通过上面的计算我们可以知道，同样是10年期的还款，采用等额本金还款法还款的总金额要少于等额本息还款。那么是不是可以说等额本金还款法要优于等额本息还款法呢？既然等额本金还款少，为什么还会有人选择等额本息还款呢？二者的区别是什么呢？

其实不能简单地评价两种还款方式孰优孰劣，因为不同的还款方式适用于不同的人群。

等额本息还款法是每月的还款金额相同，在每月还款额的“本金与利息”的分配比例中，前半段时期所还的利息比例大而本金比例小，还款期限过半后逐步转为本金比例大而利息比例小（因为欠银行的钱越来越少了）。因此所支出的总利息要比等额本金法多。但是由于这种方式还款额每月是相同的，

所以此方法适宜家庭的开支计划，特别是年轻人，可以采用等额本息法，这样每个月支出固定的金额作为还贷并无太大的压力，余下的钱也可做其他投资使用。

等额本金还款法每月的还款额不同，它将贷款总金额按还款的总月数均分（即等额本金），再加上上期剩余本金的月利息，这两部分形成了一个月还款额。所以等额本金法第一个月的还款额最多 ，而后逐月减少，因此等额本金法所支出的总利息比等额本息法少。但是这种还款方式在贷款期的前段时间每月的还款金额会一直保持较高水平，因此它适合在前段时间内还款能力较强的贷款人。年龄较大的贷款者可采用等额本金法，因为随着年龄增大或退休，贷款人的收入可能会减少。

两种还款方式各有其优缺点，因此我们在还贷时要根据自己的实际条件，合理选择适合自己的还款方式。

知识扩展

还款公式的推导

细心的读者可能会提出这样的问题——这两种还款方式的公式是怎样推导出来的？为什么要这样计算？我们现在来分析一下这两种还款方式的公式所代表的含义。

等额本金还款法的公式比较容易理解。它是将本金和利息分开偿还，首先公式中的

$$\frac{\text{贷款本金}}{\text{贷款期月数}}$$

表示每个月要偿还给银行的本金部分，这个值是固定的。比如一个人向银行贷款12万元，贷款期限为10年，那么每个月需要偿还的本金就是120 000元/120月=1 000元。

贷款人除本金外还需要额外偿还给银行一些利息，利息部分的计算公式为：

$$(\text{贷款本金}-\text{已还本金累计额})\times\text{月利率}$$

因为贷款人欠银行的本金越来越少，所以相应的利息额也会减少。可

以看出，等额本金还款法利息部分是单独计算的，每个月所还的利息是基于当月贷款人欠银行的本金计算的。把本金和利息两部分相加就是当月所需的还款额。

而等额本息还款法是将本金和利息合在一起计算每月还款额的。假设每月需要固定还款额为x，贷款总额为A，银行的月利息率为r，贷款期限为m，R_i为第i月还款后还款人欠银行的钱数，则有如下关系：

第一月还款后欠款：$R_1=A(1+r)-x$

第二月还款后欠款：$R_2=[A(1+r)-x](1+r)-x=A(1+r)^2-x[1+(1+r)]$

第三月还款后欠款：

$R_3=\{[A(1+r)-x](1+r)-x\}(1+r)-x=A(1+r)^3-x[1+(1+r)+(1+r)^2]$

……

第n月还款后欠款：

$$R_n=A(1+r)-x[1+(1+r)+(1+r)^2+\cdots+(1+r)^{n-1}]=A(1+r)n-x\frac{[(1+r)^n-1]}{r}$$

因为规定在第m月将贷款还清，即第m月还款后，还款人不再欠银行钱了，所以，$R_m=0$代入上式得

$$A(1+r)^m-\frac{x[(1+r)^m-1]}{r}=0$$

所以

$$x=\frac{Ar(1+r)^m}{(1+r)^m-1}$$

即

$$每月还款额=\frac{贷款本金\times月利率\times(1+月利率)^{还款月数}}{(1+月利率)^{还款月数}\ 1}$$

1.4 交易的骗局——令人瞠目的几何级数

在日常的交易中，难免上当受骗。有时会遇到骗子要弄一些数字游戏欺骗善良的人们，而人们很可能因为缺乏数学常识而钻进骗子的圈套。下面这道有趣的数学题虽然有些极端，但它反映了一个真实的数学现象——惊人的几何级数增长。

某人卖马一匹得156卢布，但是买主买到马后懊悔了，要把马退还给卖主，他说这匹马根本不值这么多钱，于是卖主向买主提出了另一个计算马价的方案，他说："如果你嫌马太贵了，就只买马蹄的钉子好了，马就算白送给你了。每个马蹄上有6个钉子，第一枚卖1/4戈比，第二枚卖1/2戈比，第三枚卖1戈比，后面的钉子价格以此类推，你把钉子全部买下，马就白送给你。"买主以为这些钉子总共也花不了10卢布，还能白得一匹好马，于是欣然同意了，结果买主一算账才明白上了当。请问：买主在这笔买卖中要亏损多少钱？

注：100戈比=1卢布

分析

乍一看就是买马蹄子上的24个钉子，第一枚1/4戈比，第二枚1/2戈比，第三枚1戈比……依此类推，看起来钱不会很多，虽然后一枚钉子的价格是前一枚钉子价格的2倍，但是毕竟第一枚的价格很低（仅有1/4戈比），而且总共才24枚钉子。如果你这样想那就太低估几何级数增长的威力了。让我们算一算这样买钉子究竟要花掉多少钱。

设a_i为第i枚钉子的价格，那么可得到通式

$$a_i=\frac{1}{4}\times 2^{i-1}\quad (i=1,2,3...,24)$$

现在我们要计算的是$\sum_{i=1}^{24}a_i=\sum_{i=1}^{24}\frac{1}{4}\times 2^{i-1}$，$i$即$a_1+a_2+a_3+\cdots a_{24}$，根据等比数列的求和公式$S_n=a_1(\frac{1-q^n}{1-q})$，很容易得出

$$\sum_{i=1}^{24}\frac{1}{4}2^{i-1}=\frac{1}{4}\sum_{i=1}^{24}2^{i-1}=\frac{1}{4}(\frac{1-2^{24}}{1-2})=4\ 194\ 303.75$$

所以这个商人要支付卖主4 194 303.75戈比来买这24个钉子。4 194 303.75戈比等于41 943.037 5卢布，而最初这匹马的定价为156卢布，看来买主在这场交易中亏损了41 943.037 5-156=41 787.037 5卢布。

这个买马的商人之所以会损失惨重，就是因为他不懂得几何级数增长这个数学概念。在数学中几何级数又被称为等比级数，它定义为：

$$\sum_{k=0}^{\infty}aq^k=a+aq+aq^2+...+aq^i+...$$

其中q为公比，当$|q|<1$时，该级数收敛，也就是存在一个确定的和，当$|q|\geqslant 1$时，该级数发散，也就是该级数的和趋于无穷大。

所谓几何级数增长就是指数列的每一项按照几何级数的形式成倍增长。当$|q|>1$时，几何级数增长的速度是非常快的，后一项都是前一项的q倍。正如本题中所展示的，第一枚钉子仅价值1/4戈比，之后每一枚钉子都是前一枚的2倍价格，第24枚钉子就价值（1/4）$\times 2^{24-1}$= 2 097 152戈比了。这样累加起来，24枚钉子的价格就变成非常庞大的数字。

知识扩展

舍罕王赏麦的故事

类似的数学题目还有古印度的一道名为“舍罕王赏麦”的问题。

舍罕王是古印度国的一个国王，他的宰相达依尔为了讨好舍罕王发明了今天的国际象棋，并将其作为礼物献给了舍罕王。舍罕王十分高兴，要赏赐达依尔，并许诺可以满足达依尔的任何要求。狡猾的达依尔指着桌上的棋盘对舍罕王说：“陛下，请你按棋盘上的格子赏赐我一些小麦吧，第一个格子赏我1粒小麦，第二个格子赏我2粒小麦，第三个格子赏我4粒，以后每一个格子都比前一个格子麦粒数增加1倍即可，只要把棋盘上的全部64个格子填满，我就心满意足了。”舍罕王觉得区区几粒小麦，微不足道，就满口答应下来，结果当舍罕王计算麦粒时却大惊失色。请问舍罕王计算的结果是多少粒麦子？

这个问题和上面卖马的问题如出一辙。第一个格子的麦粒数为1，第二个格子的麦粒数为2，第三个格子的麦粒数为4，…，第64个格子的麦粒数为2^{64-1}，这样64个格子的麦粒数加在一起就是

$$\sum_{i=1}^{64} 2^{i-1} = \frac{1-2^{64}}{1-2} = 18\ 446\ 744\ 073\ 709\ 551\ 615$$

舍罕王要赏赐达依尔18 446 744 073 709 551 615粒小麦。根据常识，每千克小麦大约17 200～43 400粒，我们取中间值30 000粒/kg，那么18 446 744 073 709 551 615粒小麦大约614 891 469 123 651.720 5kg，这真是一个天文数字啊！

从上面两题目中我们看到几何级数增长速度之快是令人瞠目的。几何级数的增长速度是最快的增长速度，其核心在于每一项的指数增长，也就是每一项的不断翻倍，我们形象地称这种不断翻倍的急速增长为“指数爆炸”。从一开始的1粒小麦，瞬间就增长到2^{64-1}=9 223 372 036 854 775 808粒小麦，这真的如同爆炸一样！利用这种“指数爆炸”的特性，我们可以解决很多实际的问题，在下面的两节中你会看到这一点。

1.5　密码学中的指数爆炸

从上一节中我们领教了几何级数增长的神速。由于数字的不断翻倍，一个数列从很小的一个数字很快就增长成一个非常庞大的数字。对于q^n，n=1，2，3…，当$q>1$时，q^n会随着指数n的增加而急剧增加，我们把这种现象形象地称为“指数爆炸”。指数爆炸的现象被很好地应用在密码学当中，请看下面这个实例。

对称密码体制是一种经典的加密体制策略。加密方A和解密方B共享一个密钥Key。加密方A使用密钥Key对明文进行加密操作生成密文，解密方B使用同样的密钥Key对密文进行解密操作生成明文。整个过程如图1-3所示。

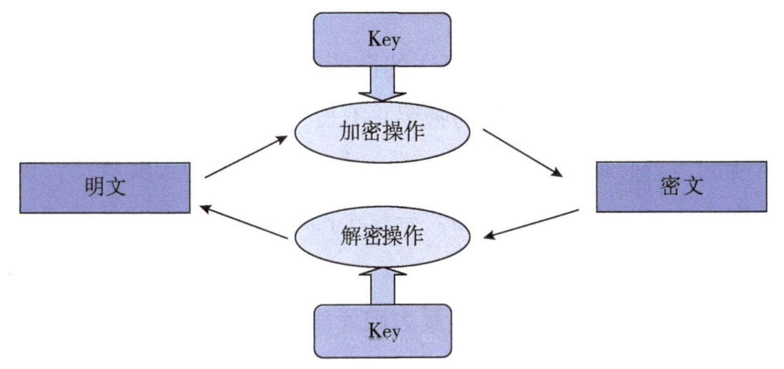

图1-3　对称密码体制的加密与解密

在整个加密解密过程中密钥Key是一个关键的因素。如果密钥在传输过程中被他人截获，那么密文将会不攻自破（前提是知道了加密的算法）。所以密钥一般是不会轻易让人拿到的。

如果一个人没有得到密钥却想破译密文，那只能做出和密钥长度相同的字节流，一个一个地尝试解密。这种方法称为“暴力破译法”，虽然算法形式最为简单，但是这种方法的性能也更加依赖于密钥Key的长度。假设密钥Key的长度为2位（bit），如果应用暴力破译法解码，最多需要尝试4次，即：

00，01，10，11

但是如果密钥Key的长度增加到3位，则暴力破译法尝试的次数便要翻倍，最多需要尝试8次，即：

000，001，010，011，100，101，111

但是实际应用中不可能使用这样简单的密钥，因为那将失去加密的意义。一般都要使用32位、64位甚至更长的密钥。那么如果使用64位的密钥，应用暴力破译法最坏的情况下需要尝试多少次才能译码？

分析

如果采用64位的密钥，该密钥可能的0/1组合共有2^{64}=18 446 744 073 709 551 616个之多！如果我们从00…0（64个0）开始逐一枚举并尝试解密，而真正的密码却是11…1（64个1），那这样就需要尝试2^{64}=18 446 744 073 709 551 616次才能找到真正的密钥，也就是最坏的情况了。因此暴力破译法的效率是很低的。

我们要讨论的并不是暴力破译法的性能问题，而是讨论密钥的长度对暴力破译法性能的影响。虽然64位的密钥并不长，但是如果应用暴力破译法尝试每一个可能的组合，则需要尝试2^{64}次。这是一个惊人的天文数字，即便一台每秒钟运算百亿次的计算机，也需要昼夜不停地工作58.5年才能完成尝试每一种组合。

这便是指数爆炸的威力。对于暴力破译法，其时间复杂度为$O(2^n)$，其中n为密钥Key的长度。也就是说应用暴力破译法尝试密钥的次数跟Key的长度n是成指数关系的，密钥的长度每增加1位，尝试的次数就扩大1倍，因此当密钥的长度增大至64位时，尝试的次数已经达到一个天文数字2^{64}。

所以较长的密钥Key能给加密系统带来更大的安全性，至少在暴力破译的前提下，达到一定长度的密钥是在人类可操控的时间范围内和现有能力下是很难破解的。

1.6　稳胜竞猜价格的电视节目

从上一节中我们了解到指数爆炸在密码学中的应用。这里利用了增加密钥长度的方法使得暴力破译的复杂度（即尝试译码的次数）爆炸式地增长，从而提高了整个加密系统的安全性。但是细心的读者可能会发现，之所以暴力破译的复杂度会随着密钥长度n的增加而爆炸式的增长，是因为暴力破译法的时间复杂度为$O(2^n)$，其中n为密钥Key的长度，也就是说最坏的尝试次数c与密钥的长度n之间存在着函数关系$c=2^n$。因为这里面底数常量为2（大于1），所以c会随着n的增加而急速膨胀。这个增长趋势可通过函数$y=2^x$的曲线（如图1-4所示）表现出来。

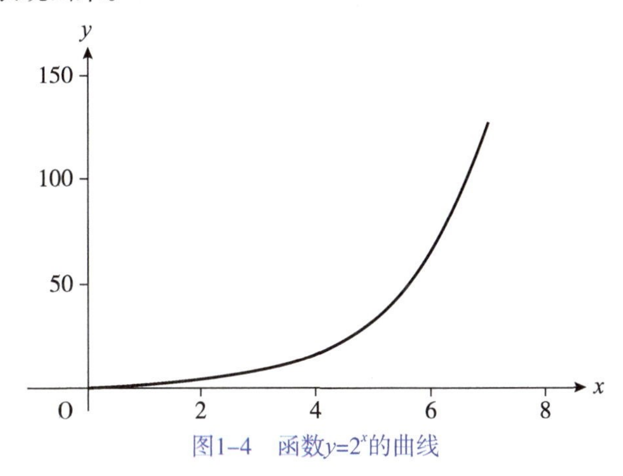

图1-4　函数$y=2^x$的曲线

我们很容易看出函数$y=2^x$中因变量y会随着自变量x的增加而加速增长，这就是所谓的指数爆炸现象。

如果我们逆向思维一下，当底数常量小于1而大于0时，即$c=q^n$，$0<q<1$，c会随着n的增加怎样变化呢?

我们通过下面这个实例理解这个问题。

电视台有一档竞猜商品价格的节目，主持人给出某一种商品的价格区间，竞猜者需要在规定的时间内猜出这个商品的实际价格。竞猜者每猜出一个价格时，主持人会根据竞猜者猜出的价格与该商品实际的价格的高低给出提示，要么是“价格猜高了”，要么是“价格猜低了”，或者是“猜的正确”。

已知商品的价格均为整数，不含角分，现在竞猜一个商品的价格，主持人给出价格区间为[1，1 000]元，而该商品的实际价格为625元，规定竞猜者必须在两分钟内猜出价格为获胜。请问这个竞猜者要怎样竞猜才能保证在两分钟内一定猜出该商品的价格。

分析

要从1～1 000中找到正确的价格，最笨的方法是从1到1 000依次报价，肯定最终能找到答案。但是这会存在两个问题，一是时间上不可能允许你穷举1 000个数字；二是主持人提示你当前报价高低的这项服务就根本用不上了，因为你的这种竞猜方式只能是一直低于实际价格直到猜对为止。因此实际操作中不会有人使用这个办法。那么，有没有一种科学的竞猜方法可以使竞猜者一定能在规定的时间内猜出商品真实的价格呢？可以使用“折半竞猜法”解决这个问题，步骤如下：

（1）因为给定的价格区间是[1，1 000]元，所以，我们一开始可以选择猜这个区间的中间值，即500元。

（2）这时主持人会提示竞猜者所猜价格与商品实际价格的高低。因为商品的实际价格为625元，所以竞猜者猜到的价格一定是低了。

（3）这就说明实际的价格一定在（500，1 000]这个区间内，所以我们舍弃掉[1，500]这个区间，在（500，1 000]这个区间里继续猜价格。

（4）第二次猜价依然选择（500，1 000]这个区间的中间值，即750元。

（5）因为商品的实际价格为625元，所以主持人提示竞猜者价格高了。

（6）这就说明实际的价格一定在（500，750）这个区间之内，所以，我们舍弃掉[750，1 000]这个区间，在（500，750）这个区间里继续猜价格。

（7）第三次猜价依然选择（500，750）这个区间的中间值，即625元。

（8）这个价格恰好是商品的实际价格，因此猜价成功。

所以，对于这个价格的竞猜，我们仅需要猜三次便可以得到正确答案。

如果商品的价格不是625元而是其他价位，我们猜价的次数可能就不是三次了，或许会多一些，或许会少一些，但是使用这种“折半猜价”的方法确实可以很快地猜出实际的价格，这要比一个一个按顺序猜价效率高很多，也比漫无目标的“瞎猜价”更加有规律，更加有胜算的把握。

为什么使用这种“折半猜价法”能够以更快的速度猜到商品的实际价格呢？细心的读者一定会发现，我们每次猜价都是猜当前价位区间的中间值，然后主持人会提示你猜的价格与实际商品价格的高低，这样在下一轮的猜价中，价位区间就会缩小一半左右，也就是说问题的整体规模减小了一半左右。设c为当前猜价区间的长度（问题规模），n为猜价的次数，a为最初的猜价区间长度（原始问题规模），那么使用折半竞猜法猜价，这三个量之间存在如下关系：

$$c=\left\lfloor a\left(\frac{1}{2}\right)^n\right\rfloor,\quad (n=1,2,3\cdots)$$

上式中符号$\lfloor\ \rfloor$表示向下取整，例如$\lfloor 2.5\rfloor=2$。因为$a\left(\frac{1}{2}\right)^n$，$n=1,2,3\cdots$不一定是整数，而价格区间的长度为整数，因此采用向下取整的方法得到新的价格区间长度。如果当前的价格区间长度为奇数，那么，下一次竞猜的价格区间长度就变为当前区间长度的1/2再向下取整。如果当前的价格区间长度为偶数，那么，下一次竞猜的价格区间长度就恰好变为当前区间长度的1/2。这个急剧缩小的趋势可以通过函数$y=\left(\frac{1}{2}\right)^x$的曲线图1–5表现出来。

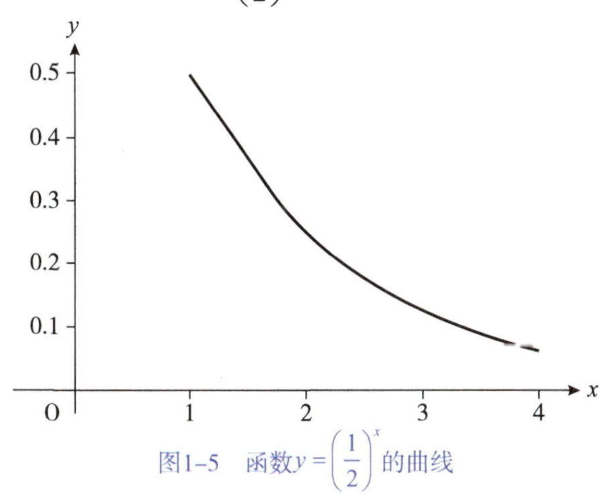

图1–5　函数$y=\left(\frac{1}{2}\right)^x$的曲线

从上面这个式子中不难看出，每多一次竞猜，竞猜价格的区间长度就会变为原来的近1/2。这里面就存在一个指数爆炸的问题，随着n（竞猜次数）的不断增大，$(1/2)^n$会急剧缩小，这样竞猜价格的区间也会随之急剧缩小。从上面这个例子中易见，最初的竞猜价格区间长度为1 000，仅仅经过两次猜价，其价格区间的长度就变为250。假设第三次还没有猜中，那么下一次竞猜的价格区间长度就变为125，接下来的价格区间长度就是62，31，15，7，3直到1。所以，对于本题，最坏的情况下我们也只需要竞猜10次就可以猜中商品的实际价格。

这样看来指数爆炸并不一定意味着是数据的加速膨胀，也可能是数据的急剧缩小。

知识扩展

折半竞猜法与二分搜索法

现在又有这样一个问题：假设竞猜价格区间长度为L，如果采用折半竞猜的方法进行猜价，最坏的情况下需要竞猜的次数n是多少呢？

这个问题的详细推导可以借助计算机科学中的“二叉树理论”，在此不做展开，但是结论是明确的，即L和n之间存在如下关系：

$$n=\lfloor \log_2 L \rfloor+1$$

例如本题中竞猜的价格区间长度为1 000，那么使用“折半竞猜法”，最坏情况下需要猜$\lfloor \log_2 1\,000 \rfloor+1=9+1=10$次。

在这一点上，问题的初始规模越大，使用这种折半竞猜方法的优势就愈加明显。假设竞猜的价格区间为[1，1 500 000]元，区间长度为1 500 000，则最坏情况下仅需要猜20次便可以找到答案。竞猜的价格区间长度为原来的1 500倍，而最大的猜价次数仅为原来的两倍。

其实，“折半竞猜法”是由计算机科学中的“二分搜索法”演变而来的。所谓“二分搜索法”，就是在一个排列有序的包含n个元素的序列$[a_1, a_2, \cdots, a_n]$中寻找特定元素x，可以采用如同折半竞猜法的方式，先将x与序列中间的元素进行比较，再按照x与中间元素的实际大小选择在子序列$[a_1 \cdots a_{n/2}-1]$或者子序列$[a_{n/2}+1 \cdots a_n]$中继续搜索。具体来说，如果x小于中间元素，则在$[a_1 \cdots a_{n/2}-1]$中继续查找，如果x等于中间元素，则查找结束；如果x大于中间元素，则在$[a_{n/2}+1 \cdots a_n]$中继续查找。子序列的搜索方法与原序列的搜索方法相同。这里我们可以看到，使用“折半竞猜法”或者“二分搜索法”的前提条件是搜索的序列必须是按值有序排列的。在本题中，竞猜的价格区间本身是按值递增的，因此可以使用这种“折半竞猜法”进行价格的竞猜。

1.7 猜硬币游戏与现代通信

魔术师和他的搭档表演猜硬币游戏。桌子上任意排列着9枚硬币，这些硬币中有的硬币是正面朝上，有的硬币是反面朝上，这是事先由观众随机调整的，魔术师和搭档都不能随便翻转调整硬币。魔术师被蒙上双眼，所以看不到这9枚硬币的状态。然后，他的搭档从口袋中又取出一枚硬币放置在最后，这样桌子上就凑成了10枚硬币。接下来搭档请台下的观众上台，任意翻转这10枚硬币中的一枚，当然也可以不翻转硬币。最后请魔术师摘下眼罩，魔术师观察这桌上的10枚硬币，便可以说出刚才观众是否翻转了硬币。你知道魔术师是怎样做到的吗？

分析

魔术师是怎样猜出观众是否翻转了硬币的呢？细心的读者一眼就能看出，问题就出在搭档最后放的那枚硬币上。因为从始至终魔术师都是被蒙着眼睛的，不可能了解观众的行为，所以，他的搭档就成为将这些信息传递给魔术师的唯一途径。搭档通过放置额外的一枚硬币“告诉”了魔术师这10枚硬币是否被观众翻转过。我们模拟一个具体的实例，通过图1-6重现整个游戏的过程。

图1-6展示了一个具体实例中魔术师与搭档配合猜硬币的全过程，在第二步中，搭档在9枚硬币之后又放置了一枚硬币，这样魔术师就可以轻而易举地猜出在第三步中观众翻转了硬币，所以，问题的关键就出在最后这枚硬币上。

最后这枚硬币究竟要如何放置呢？是正面朝上还是反面朝上呢？这里面有什么讲究没有？

Step 1：任意排列的9枚硬币

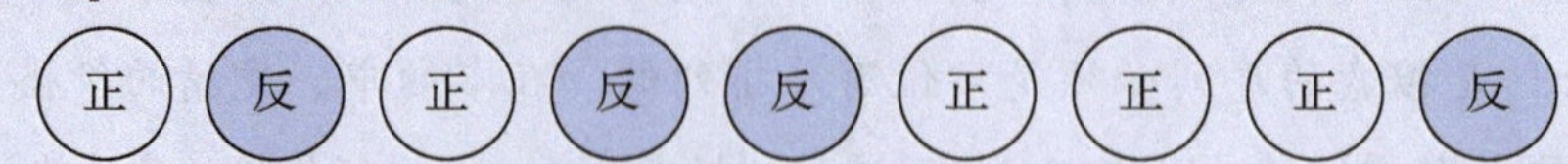

Step 2：搭档从口袋中取出一枚硬币放在最后

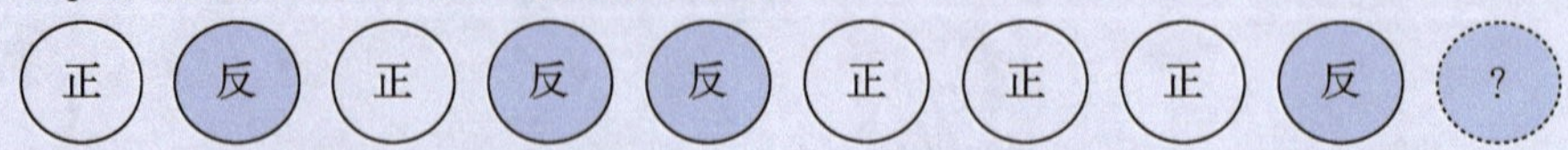

Step3：观众任意翻转了一枚硬币

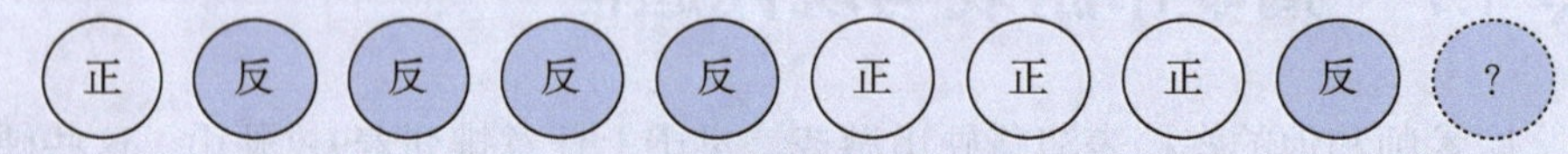

图1-6　重现整个猜硬币游戏的过程

其实，只要魔术师和搭档事先约定“反面（或者正面）的硬币数一定为偶数（或者奇数）”，那么，魔术师每次都可以轻而易举地知道观众是否翻转过硬币。在这里，搭档放置的最后一枚硬币就起了关键的作用。

假设魔术师和他的搭档约定的是“反面的硬币数一定为偶数”，搭档在放置最后一枚硬币之前需要观察前面的9枚硬币中反面朝上的硬币个数。

- 如果为偶数个，则最后这枚硬币要置成正面；
- 如果为奇数个，则最后这枚硬币要置成反面。

这样就确保了桌子上这10枚硬币中反面朝上的硬币个数一定为偶数个。

接下来是观众任意翻转某个硬币，当然观众也可以选择不翻转。因为之前的硬币中反面朝上的硬币的个数为偶数，所以，只要观众翻转了其中任何一枚硬币，反面朝上的硬币数都会变为奇数。这样魔术师只要数一下反面朝上的硬币数是否还是偶数就可以知道观众是否翻转了硬币。

前面已经提到，在整个猜硬币游戏的过程中，搭档放置的最后一枚硬币起到了关键的作用。正是通过最后一枚硬币作为冗余的信息，才使得魔术师可以获取更多的信息量，从而很容易知道是否有硬币被翻转过。不要小看这个简单而巧妙的方法，将它应用到现代通信技术上就是为人们所熟知的“奇偶校验法”（Parity Check）。

现代通信多采用数字通信方式，也就是说信息都是以0/1码的方式在信道中传输的。在信息传输的过程中就难免遇到干扰，而导致发出的一串0/1码信息中的某一位（或者某几位）发生改变。例如，原本希望发送的0/1码数据流为0101001，但由于信号干扰，可能最后的一位发生了跳变而变成了0101000。这样信息就失真了，接收方就无法得到正确的结果。于是，人们便想到在所要传输的0/1码数据流的最后添加一位“校验位”，以此来标识所要传输的数据是否在传输过程中发生了错误。

添加校验位的方法就类似于我们的猜硬币游戏中搭档放置最后一枚硬币，只需在数据流最后添加一位1或者0，使得整个0/1数据流中1的个数为奇数（称之为奇校验）或者1的个数为偶数（称之为偶校验）。至于采用何种校验方式都是事先通信双方约定好的。

如果采用奇校验方式，则添加校验位后0/1数据流中1的个数为奇数。这样接收方在接收到这串数据后就要统计数据流中1的个数是否为奇数，如果是奇数个，则认为这串数据传输无误；如果不是奇数个，则这串数据在传输过程中肯定发生了错误，于是接收方可以向发送方发出错误码（Error Code）信息，要求重新发送这串数据。偶校验的方式跟奇校验类似，只需在接收到数据后判断数据流中1的个数是否为偶数个即可。

采用奇偶校验方法的优点在于简单方便，易于实现，且冗余信息少（只需要1位校验位信息），数据的编码成本和传输成本都非常小。因此在精准度要求不十分高的通信中，采用奇偶校验的方式是非常可行的。但是奇偶校验自身也存在很多缺陷，例如：

- 奇偶校验只能用于检错，而不能用于纠错——使用奇偶校验不能准确定位出错误码的位置，而只能知道是否发生了错误；
- 只能实现奇数位的检错，如果数据流中有偶数个位置都发生了错误，则奇偶校验无法检出是否发生了错误。

因此，为了提高信息通信的容错能力，实现更为安全精准的数据传输，人们发明了许多更加高级的检错、纠错机制，例如，常见的循环冗余校验（Cyclical Redundancy Check）、海明码校验（R.W.Hamming Check）等，这些技术都广泛应用于现代通信、数据存储和信息安全等领域。

知识扩展　　差错控制码简介

在数据的存储和传输过程中很可能会发生错误。产生这些错误的原因有很多，例如：设备的临界工作状态，外界的高频干扰，收发设备中的间歇性故障以及电源偶然的瞬变现象等。这些错误都是随机产生的，并且不可预知，所以无法通过提高设备的性能，增强设备可靠程度来彻底避免错误的发生。要想最大限度地提高系统的可靠性，避免错误的发生，就要在数据编码上寻找出路。

差错控制码就是一种能够避免错误发生，并具有检错纠错能力的编码。不同的差错控制系统需要不同的差错控制码。根据差错控制码的功能，可将常见的差错控制码分为三类。

- 检错码：只能发现错误但不能纠正错误的编码。
- 纠错码：能够发现错误也能纠正错误的编码。
- 纠删码：能够发现并纠正或删除错误的编码。

一般系统中常用的差错控制码主要是检错码和纠错码。检错码与纠错码的不同之处在于，检错码只能根据接收到码的内容得知该码是否在传输或存储中发生了错误，并不能定位该错误发生在哪一（几）位上，因此，它是一种比较低端的差错控制码。我们前面讲到的奇偶校验码就是一种最常用的检错码。而纠错码不但可以检测出该码是否在传输或存储中发生了错误，而且还能通过计算得出错误发生的位置，并加以纠正。因此，纠错码在实际使用中较为广泛，且实用性更强。在分类上，纠错码可以按照不同的方式进行分类。如图1–7所示，其中使用较多的纠错码是线性分组码。目前较为常见的线性分组码主要有海明码、CRC码（循环冗余校验码）、BCH码、RS码（里德-索洛蒙码）、戈帕码等。这些纠错产生的理论不同，编码和译码的方法也不同，因此，纠错能力和编码性能也不尽相同。

差错控制码是信息论和系统容错技术研究的一个重要分支，里面涉及到很深的数学理论，因此在这里只做概要性的介绍，有兴趣进一步了解差错控制码及其相关技术的读者可以参考《信息论》《现代编码理论》等书籍。

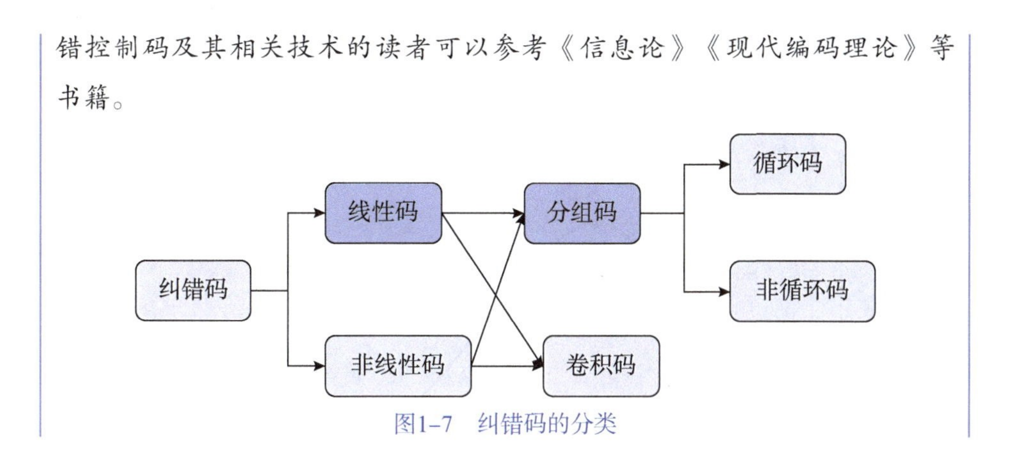

图1-7　纠错码的分类

1.8　奇妙的黄金分割

在我们的日常生活中，特别是在科学实验或者生产活动中，经常需要对一些数据进行“试验”从而得到最优的选择。例如日常生活中的炒菜放盐，在我们没有经验的时候经常会放多一些或者放少一些，这样就会导致菜的口味偏咸或者偏淡。再比如一个实验室正在试制一种新药，添加某种化学成分的剂量需要通过试验来确定。该成分添加过多或者过少都会影响药效，所以，科研人员需要在预先估算的一个区间内反复试验才能得到最佳的剂量方案，从而使药效达到最好。本节我们就来讨论一下如何进行试验能够高效地找到问题的最优解。

我们还以实验室试制新药为例。假设科研人员已经预先估算出添加某种化学成分的范围应控制在50mg～400mg之间，在这个区间范围内一定存在一个值，添加该剂量的化学成分能够使得该药品的疗效达到最好，但是需要科研人员通过试验才能确定这个值。你能给出一个又好又快的试验方法帮助科研人员找到答案吗？

分析

我们先通过一个坐标描述一下科研人员试验的具体内容，如图1–8所示。

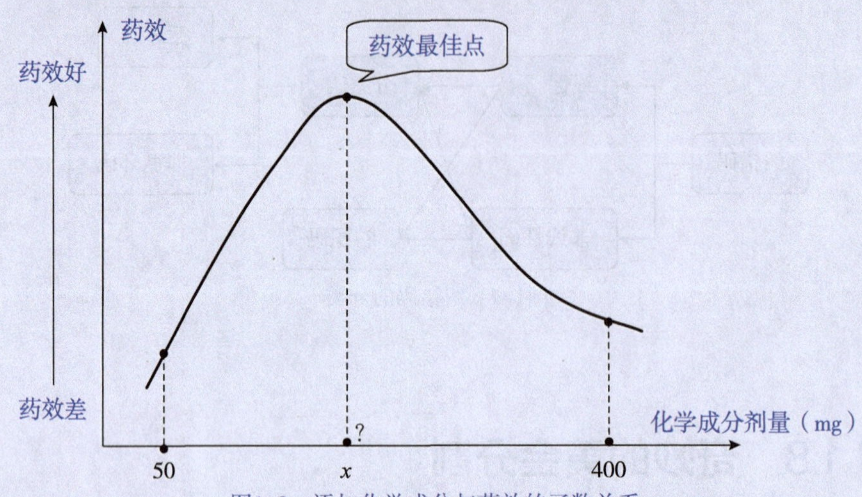

图1–8　添加化学成分与药效的函数关系

图1–8展示了添加某种化学成分剂量与药效之间的函数关系。在[50，400]这个区间内存在一个“药效最佳点”，但是这个点对应的化学成分的剂量x需要通过反复试验才能得到，因为药效和化学成分剂量之间没有明确的函数关系，至少科研人员并不知道这个具体的解析式。

要如何进行试验呢？最简单直观的方法就是将[50，400]这个区间进行等分，例如规定每个区间化学成分的剂量差为5mg，则可以划分为[50，55]，[56，60]，…，[396，400]这些区间。然后在每个区间中选择一个剂量值（例如区间的中间值）作为试验的样本。这样进行70次的试验就可以找到最佳的剂量值。这里需要明确一点，因为试验区间是连续的，而我们的试验是通过抽取样本的方式进行的，样本空间本身是离散的，因此采用试验的方法寻找最佳剂量值一定会存在误差。对于上述这种等区间划分试验的方法，这个误差会控制在5mg之内。当然，如果我们将区间的长度划分的越小，最终的结果就会越精准，但试验的次数也会随之增多。

这种方法理论上可行，但是无法实际操作，因为试验的次数越多，试验的成本就会越高。作为药品的试验，每试验一次可能就要消耗一只小白鼠，而且对于评估药效来说，一般不会马上得到试验结果，至少需要观察一段时间才能看出效果。单纯一种化学成分的剂量就要进行70次之多的试验，这显然既不合理又不现实。那么采用什么样的试验方法才能又快又准确地得到最佳剂量方案呢？在这里介绍一种经典的试验方法——黄金分割法。

采用黄金分割法进行试验的步骤如下：

（1）在试验区间$[a, b]$内选择一个黄金分割点（0.618点）x_1，在x_1上做一次试验A；

（2）在试验区间$[a, b]$内选择与黄金分割点（0.618点）x_1关于区间中点对称的点x_2，再在x_2上做一次试验B；

（3）比较两次的试验结果A和B，如果试验结果A优于B，则舍弃试验区间$[a, x_2]$，构成新的试验区间$[x_2, b]$；如果试验结果B优于A，则舍弃试验区间$[x_1, b]$，构成新的试验区间$[a, x_1]$；

（4）如果试验结果A等于B，则舍弃$[a, x_2]$和$[x_1, b]$，只保留$[x_2, x_1]$作为新的试验区间；

（5）重复1～4的步骤，直到试验区间足够小，即误差达到预期的范围。

我们结合这个题目看一下如何应用黄金分割法进行试验。

首先在预先估算出的试验区间[50，400]中找到黄金分割点，即0.618点。由于区间的长度为400-50=350，而350×0.618=216.3，所以这个点就应当位于坐标中50+216.3=266.3上，即化学成分的剂量为266.3mg。在坐标中标出这个点，如图1-9所示。

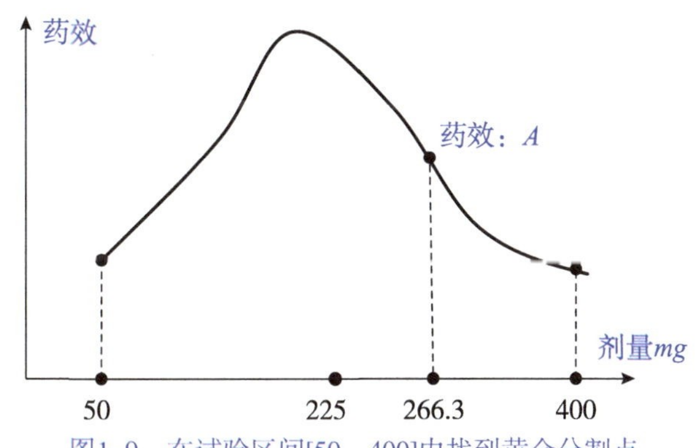

图1-9 在试验区间[50，400]内找到黄金分割点

然后在266.3点上进行一次试验，也就是使用266.3mg的剂量进行新药的药效试验，试验结果记为A。

接下来在试验区间[50，400]内找出与黄金分割点266.3关于区间中点225对称的点。这个点其实就是1-0.618=0.382点。因为试验区间的总长度为350，而350×0.382=133.7，所以这个点就应当位于坐标中50+133.7=183.7上，即化学成分的剂量为183.7mg。如图1–10所示。

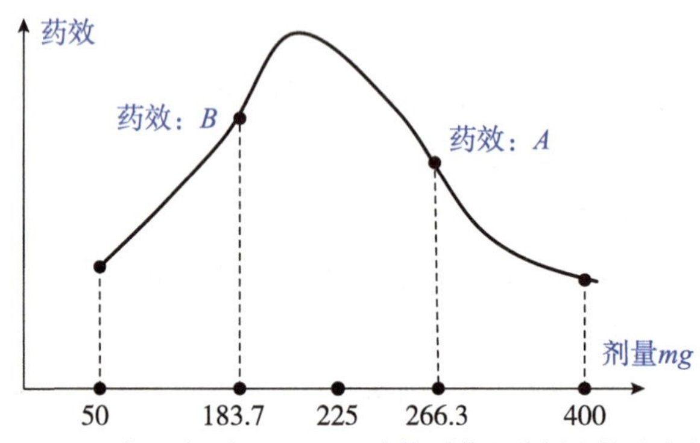

图1–10　在试验区间[50，400]内找到黄金分割点的对称点

然后在183.7点上进行一次试验，试验结果记为B。从坐标图上很容易看出药效B优于药效A，所以，大于266.3mg的剂量是不可能存在药效更好的试验点，因此我们舍弃掉试验区间[266.3，400]，在[50，266.3]中继续进行试验。

接下来的试验还是重复上述的步骤，不断地选点，比较药效，舍弃试验区间，直到试验区间足够小并达到预先要求的精度为止。

这里有一点需要说明，在第n次的试验中，第n-1次保留下来的试验点同样是可以作为第n次的试验点使用，只需要找到其关于新区间的中点对称的那个点进行一次试验即可。原因如下：

如图1–11所示，

图1–11　用线段表示试验区间

设试验区间为线段AB，C为黄金分割点，也就是第一次试验点，O为试验区间的中点，D是C关于O的对称点。设$AD=CB=a$，$DO=OC=b$。

根据黄金分割比例的定义，有如下关系：

$$\frac{AC}{CB}=\frac{AB}{AC}=\frac{a+2b}{a}=\frac{2a+2b}{a+2b}$$

因此

$$2a^2+2ab=(a+2b)^2$$

$$a^2=4b^2+2ab$$

等式两边都除以$2ab$可得

$$\frac{a}{2b}=\frac{2b+a}{a}$$

即

$$\frac{AD}{DC}=\frac{AC}{AD}$$

因此D是线段AC的黄金分割点。

也就是说，如果第一组比较试验后舍弃的区间为CB，那么D就变为区间AC的黄金分割点，所以，我们只要找出D关于新区间AC中点的对称点并进行下一次试验，再将其试验结果与D点上的试验结果（第一次试验已得出）进行比较即可，这样便可以节省一次试验。同理，如果第一次试验后舍弃区间为AD，那么试验点C及其试验结果仍可保留，找到其关于DB中点的对称点进行试验比较即可。

黄金分割法之所以快速高效，在于应用这种方法每进行一组比较试验，其试验区间的长度就减小为原始区间长度的约0.618倍。如果最初的试验区间长度为L，那么进行第n组比较试验时，其试验区间的长度为（0.618^{n-1}）L，可见试验区间缩小的速度是非常快的，这样便会很快达到试验预期的精度，而且除了第一次比较需要进行两次试验以外，剩余的比较都只需要进行一次试验，从而达到减少试验次数的目的。

使用黄金分割法进行试验时有几点需要注意：

（1）黄金分割法是一种单因素最优化方法，它解决的问题是针对函数在区间上有单峰极大值（或者极小值）的情况。例如本题中的“化学成分剂量与药效的关系”，我们预先的假设是在50mg～400mg的区间范围内只存在一个药效最好的点，其他情况下药效随着化学成分剂量的增加而增加或者减小（其关系形如图1–8所示）。虽然很多情况下我们并不能精准地知道其函数关系，但是要使用黄金分割法进行试验，就必须确保在给定的试验区间中只存在单峰极值（即一个最优值），类似图1–12这样的函数关系就不能使用黄金分割法进行试验。

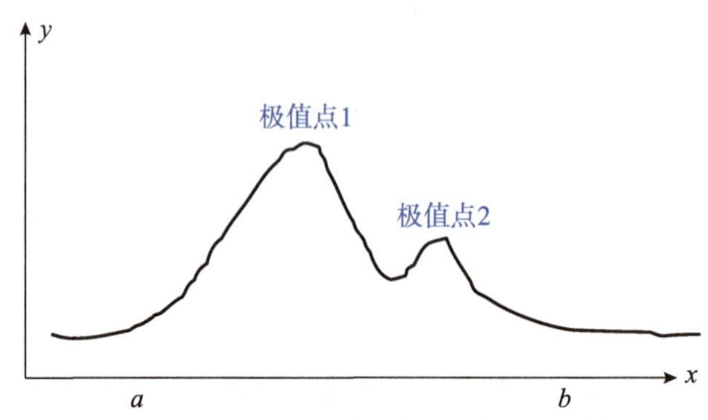

图1–12　不能使用黄金分割法进行试验的函数关系

也正是由于函数在试验区间内存在单峰极值的特性，我们才能在每组比较试验后直接舍弃一部分区间。

（2）黄金分割法所解决的往往是实际工作中无法准确描述出目标函数的问题，也就是无法准确描述出自变量x和因变量$f(x)$之间的关系问题。所以，黄金分割法是采用抽取样本进行试验的数值方法。使用黄金分割法进行试验必然存在误差，这个误差的大小就是最终剩余的试验区间的长度。

知识扩展　　黄金分割与华罗庚的“优选法”

黄金分割是指将一个物体整体一分为二，较大部分与较小部分之比等于整体与较大部分之比，这个分割点就称为黄金分割点。如图1–13所示，

A　　　　C　　　　B

图1–13　黄金分割点

有线段AB，C是其黄金分割点，那么依照黄金分割的定义，则有以下关系：

$$\frac{AC}{CB}=\frac{AB}{AC}$$

设AC的长度为a，CB的长度为b，那么将其代入上式中则有：

$$\frac{a}{b}=\frac{a+b}{a}$$

$$a^2=ab+b^2$$

将等式两边同除以a^2得到

$$\frac{b}{a}+\left(\frac{b}{a}\right)^2=1$$

令$\frac{b}{a}=\lambda$，则上式变为

$$\lambda^2+\lambda-1=0$$

求解该方程，并取正值，可得

$$\lambda=\frac{\sqrt{5}-1}{2}=0.618\ 033\ 988\cdots$$

也就是说满足黄金分割比例的线段，长段与短段之比以及全长与长段之比约为1：0.618。

由于按此比例设计的造型十分美丽柔和，所以人们称之为“黄金分割”，而0.618被公认为最具有审美意义的比例数字。

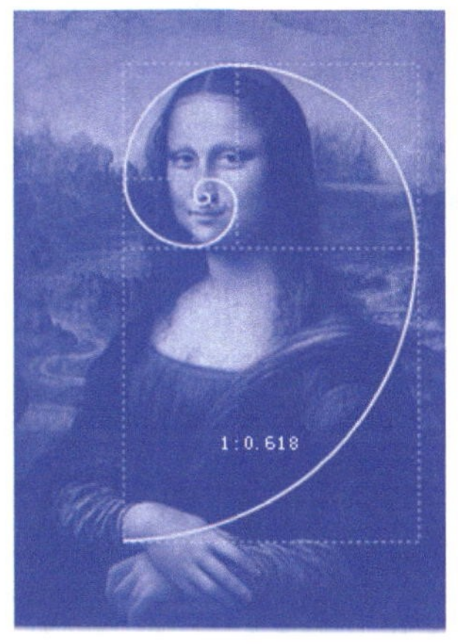

“蒙娜丽莎的微笑”符合黄金分割比例

黄金分割不仅应用于艺术设计领域，在数学中也有广泛的应用。上面介绍的黄金分割法就是这样一个例子。它利用黄金分割比例，快速减小试

验区间的长度，从而缩小了问题的规模，高效地找到问题的最优解。

黄金分割法属于优选法的范畴，是一种以数学原理为指导，合理安排试验的科学方法。优选法最早由美国数学家J.基弗提出，但是在中国提到优选法就不能不提到一位伟大而著名的数学家华罗庚先生。早在上世纪六七十年代，华罗庚先生便开始尝试寻找一条数学和工农业实践相结合的道路。经过一番探索和实践，他发现数学中的统筹法和优选法是在工农业生产中能够普遍应用和推广的方法，它可以提高工作效率，节约生产成本，改进管理方法。于是华罗庚先生亲自带领中国科技大学的一些师生到全国各地的工厂企业普及和推广统筹法和优选法（简称“双法”），并写成了《统筹方法平话及补充》《优选法平话及其补充》两本小册子，以极其通俗易懂的方式向广大工人农民讲解统筹法和优选法的应用。华罗庚先生的身体力行使得统筹法和优选法在我国迅速得到普及和发展，并给当时的工农业生产带来了巨大的经济效益。

华罗庚先生用纸带给工人讲解如何应用优选法解决生产中的问题

华罗庚先生在车间为工人讲解优选法和0.618黄金分割比例

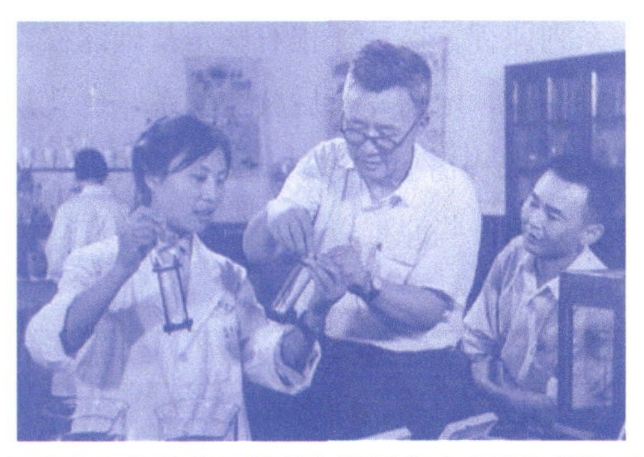

华罗庚先生指导药厂科研人员用优选法进行药品试验

1.9 必修课的排课方案

大学的必修课都是按照学生所学专业而设定，一般一个大学生在大学四年中需要修完十几门甚至二十几门的必修课才能够毕业。这些课程之间本身可能存在着先行后续的关系，例如，高等数学一般为基础课，所以都会安排在大一时学习；而一些专业课因为需要有高等数学的基础（数学为它们的先修课程），因此可能安排在靠后的学期进行学习。本节中我们就以一个必修课排课方案为例，讨论一下如何合理高效地制定必修课的课表。

我们以计算机专业的排课方案为例进行讨论。计算机专业的学生必须在

大学四年期间学习一系列课程，这些课程有些是基础课程，有些是专业课程，而这些课程之间可能存在着一定的先行后续的关系，也就是说，有些课程作为基础知识必须先修，有些课程需要学过其他必修课之后才能进行学习。表1-3中列出了计算机专业必修的一些课程以及它们之间的先行后续关系。

表1-3　计算机专业必修课

课程编号	课程名称	先修课编号
C1	微积分	无
C2	线性代数	C1
C3	大学物理	C1
C4	C语言程序设计	无
C5	离散数学	C4
C6	数据结构	C4，C5
C7	汇编语言	C4
C8	操作系统	C6，C11
C9	编译原理	C6
C10	计算方法	C1，C2，C4
C11	计算机组成原理	C3

其中，第一列为课程编号，第二列为课程名称，第三列标识出这门课程的先修课编号。例如：线性代数（C2）的先修课程为微积分（C1），微积分没有先修课程。

请根据这个表格的说明安排出该学校在每个学期应该开设的课程。

分析

如果单从这个表格来分析，要合理地排出每个学期应该开设的课程似乎不是一件容易的事情，因为课程之间存在着先后的关系，并且这种关系也并非层次分明，而是交织成网。有没有一种程式化的方法可以快速而准确地理清这些课程之间的先行后续的关系，从而合理地排出每个学期所应开设的课程呢？我们可以借助AOV网（Activity On Vertex Network）的方法处理这类问题。

把每门课程看作一个结点，结点与结点之间的有向弧表示它们之间的先后关系，例如图1-14所示：

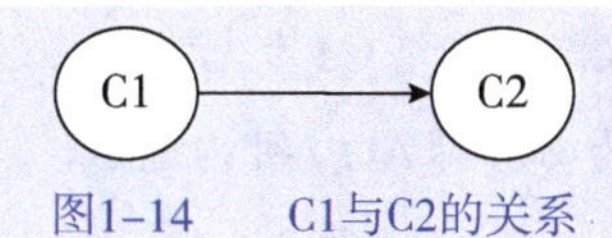

图1-14　C1与C2的关系

该图清晰地表达了课程“线性代数（C2）”和课程“微积分（C1）”之间的关系——C2依赖于C1，即C1是C2的先修课程。用这样的表示方法将全部课程的关系表示出来就构成了计算机专业必修课的AOV网。

如何构造全部必修课程的AOV网呢？我们要以没有先修课的课程作为起点开始构造。从题目中可知，只有C1和C4没有先修课，我们就以这两门课程作为起点开始构造整个AOV网。图1-15为必修课AOV网构造-1。

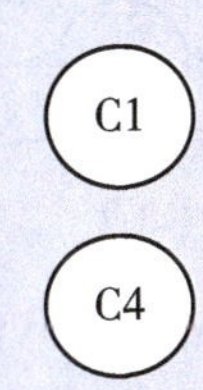

图1-15　必修课AOV网构造-1

接着找出仅以C1或者C4为先修课的课程作为新的结点，并将其与C1、C4通过有向弧连接。从题目中可知C2、C3、C5、C7仅以C1或C4为先修课，C10虽然也以C1和C4为先修课，但是它也以C2为先修课，因此不符合要求。图1-16为必修课AOV网构造-2。

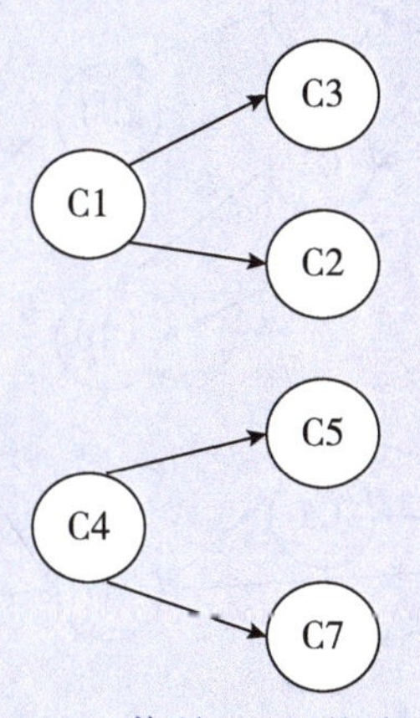

图1-16　必修课AOV网构造-2。

然后找出仅以C1、C4、C3、C2、C5、C7其中一个或多个结点为先修课的课程作为新的结点，并将其与前面的结点用有向弧连接。从题目中可知，

C11以C3为先修课，C10以C2、C1、C4为先修课，C6以C5、C4为先修课。C8和C9不符合要求。图1-17为必修课AOV网构造-3。

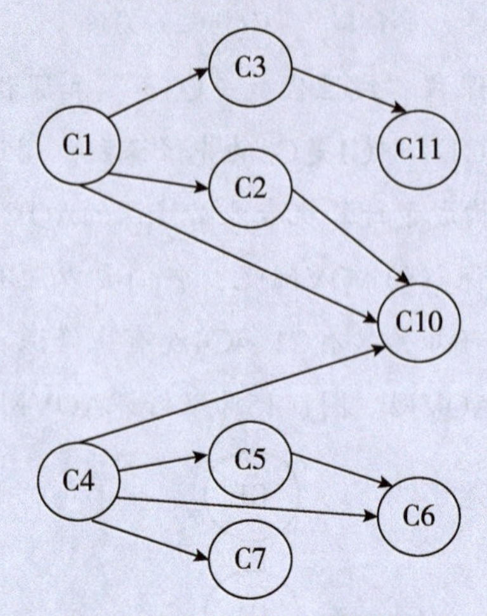

图1–17　必修课AOV网构造–3

最后找出仅以C1、C4、C3、C2、C5、C7、C11、C10、C6其中一个或多个结点为先修课的课程作为新的结点，并将其与前面的结点用有向弧连接。从题目中可知，C8的先修课程为C6和C11，C9的先修课程为C6。图1-18为必修课AOV网构造-4。

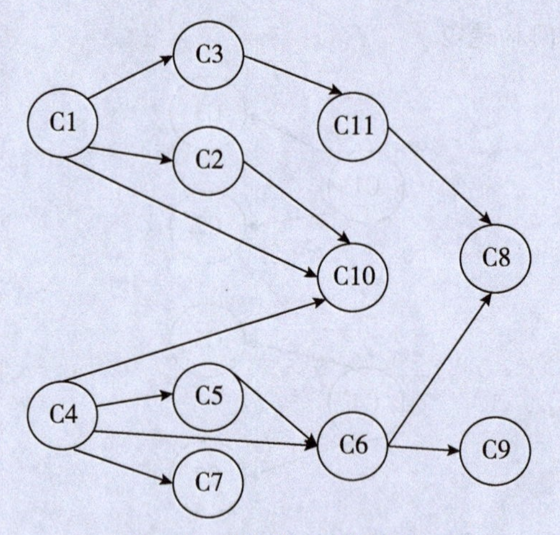

图1–18　必修课AOV网构造–4

图1-18就构成了计算机专业必修课程的AOV网，每个结点都代表一门课程，结点之间的有向弧表示了课程间的先行后续的关系。

下面我们就可以依据这个AOV网排出每个学期的课程计划了。由于每个学期的课程安排必须保证本学期课程的全部先修课都已经在之前的学期中开设完毕，因此我们可以按照以下步骤部署排课方案：

（1）从AOV网中选出没有前驱的结点，把这些结点所代表的课程排在一个学期中；

（2）从AOV网中删除已排好的课程结点，连同所有以这些结点为尾的弧。

重复以上动作，直至将所有的课程排完。

按照上述的步骤，从AOV网中不断删除结点和有向弧，并将每次删除的结点排成同一学期的课程。整个过程如图1-19所示。

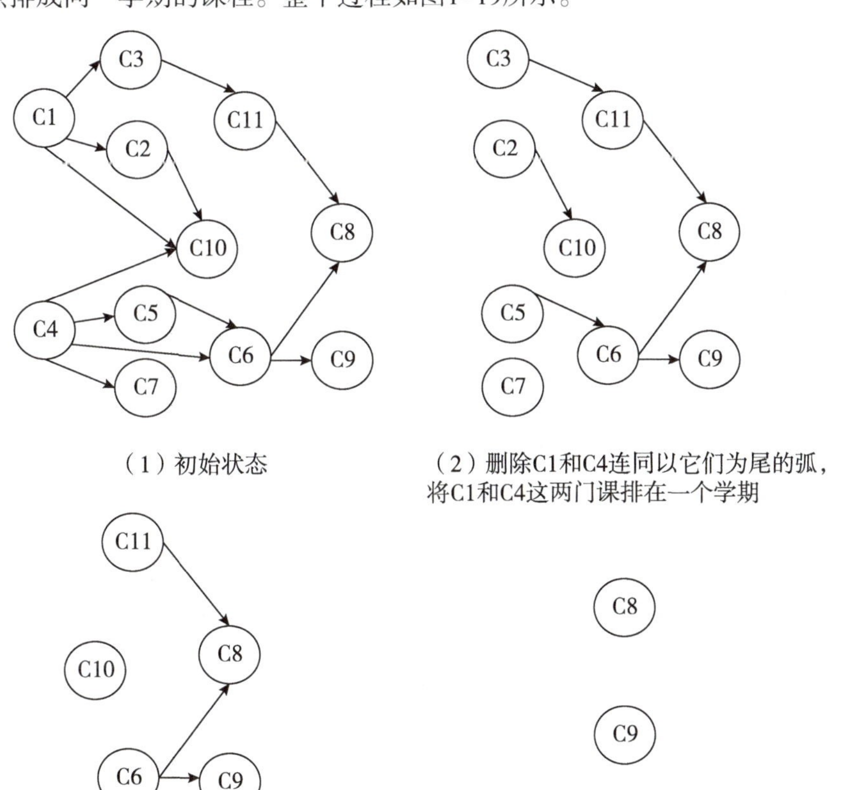

图1-19　从AOV网中删除结点的过程

所以，每个学期的排课计划如表1-4所示。

表1-4　计算机专业必修课排课方案

第一学期	C1：微积分，C4：C语言程序设计
第二学期	C3：大学物理，C2：线性代数，C5：离散数学，C7：汇编语言
第三学期	C11：计算机组成原理，C10：计算方法，C6：数据结构
第四学期	C8：操作系统，C9：编译原理

利用AOV网能够很容易实现排课方案。对于没有前驱的结点，说明这些课没有先修课程（或者其先修课程已经全部修完），因此每次将当前没有前驱的结点所代表的课程排在一个学期开设是可行的。然后从AOV网中删除这些结点，连同所有以这些结点为尾的弧也一并删除，这样余下在AOV网中又会出现新的没有前驱的结点。按照这样的方式一层一层地删除结点，并将删除的结点所代表的课程排在同一学期，直到删除AOV网中全部的结点为止。

我们在日常生活和工作中经常会遇到类似的安排工序、设计工作流程等问题。有时要完成一件事情，必须依赖于它先前的某件或某几件事情的完成，而后续的一些事情也可能会依赖当前这件事情完成的情况。遇到这样类似的问题时，我们可以借助AOV网这个工具帮助我们理清事件之间的先后关系和依赖关系，从而可以更快更合理地对每件事情做出安排。

知识扩展

AOV网简介

本题目中应用到一个图论中的知识——AOV网。在管理科学中，人们常用有向图来描述和分析一项工程的具体实施过程。一项工程常被划分为若干个子工程，这些子工程被称为活动（Activity）。在有向图中若以顶点（图中的结点）表示活动，以有向边（弧）表示活动之间的先后关系，则这样的图称为AOV网。

这里需要注意一点，在AOV网中是不能出现回环的，例如图1-20表示的有向图就不是AOV网，因为在AOV网中有向边（弧）表示的是活动（图中的结点）之间的先后关系。如果存在回环就意味着某个活动要以自己为先决条件。图中V1的先决条件是V3，V3的先决条件是V6……最终V2的先决条件是V1，这样V1就以自己为先决条件，也就是说V1的发生必须在V1发生之后，这样看上去确实很荒谬。所以，我们在使用AOV网分析问题时要注意这一点。

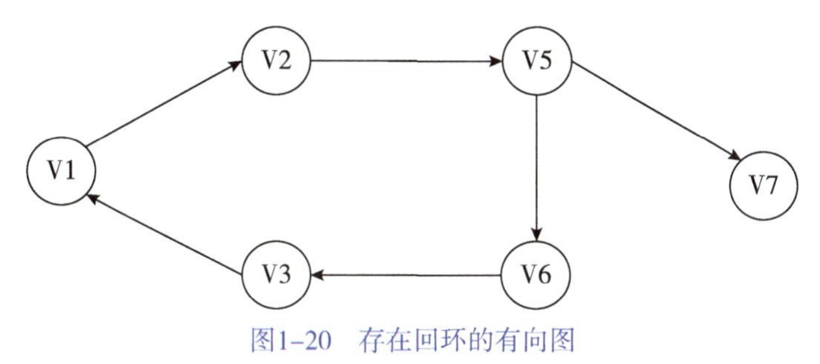

图1-20　存在回环的有向图

利用AOV网可以帮助我们理清活动与活动之间的先后关系，从而使每件事情的先后顺序变得更加清晰明了，可以有效地提高工作效率和安排工序的合理性。

1.10　项目管理的法则

我们在日常生活和实际工作中经常需要对一些工作进行合理安排和管理，小到日常生活中的做饭、洗衣、做家务，大到一个项目工程的管理，都是如此。只有合理安排每一项工作，对工作进行有效地规划，对项目的进度合理地把控，才能使每项工作都有条不紊地进行，从而达到满意的效果。反之，如果我们对工作缺乏合理有效的规划，做事情盲目进行，眉毛胡子一把抓，则势必影响工作的效率和质量，导致任务不能如期完成。

我们以“新房装修”为例，看一看如何合理安排每一项工作。

从新房的装修到购置家电、家具再到新房的入住，实在是一件令人费心费力的事情。这里大致列出了一些家庭装修及新房入住所必须要做的事情及相应的时间预估，并不一定十分准确，但是至少说明了这确实是一件颇为复杂的事情。如表1-5所示。

表1-5　家庭装修及新房入住的详细工作

工作编号	工作内容	预估时间（天）
A	选择有资质的家居设计公司	7
B	请设计师设计装修方案	10
C	选择性价比高的装修队	5
D	业主、设计师、装修队讨论具体的装修方案，并进行估价	5
E	购买装修建材	7
F	施工	60
G	工程验收	2
H	结账	1
I	选择家具家电	7
J	订购家具家电	1
K	新房布置摆放	3

你能根据表1-5列出的详细工作内容及各项工作的预估时间，给出一个合理高效的工作计划吗？如果是你来负责整个工程，你将如何管理？

分析

如果不假思索，制定该工作流程的最笨方法就是按照表中的序号顺序执行，如图1-21所示。

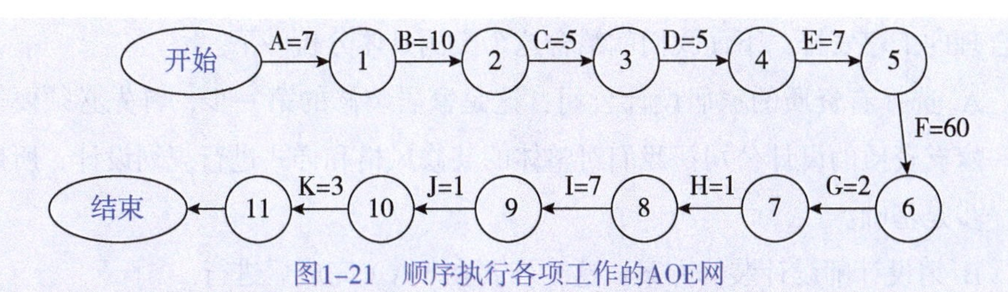

图1-21 顺序执行各项工作的AOE网

图1-21中箭头的指向为工作的顺序，图中箭头表示执行任务，箭头上的数字表示执行该任务所要花费的时间。例如$\xrightarrow{C=5}$就表示执行C任务所花费的时间为5天。图中每一个圆圈结点都表示一个事件，对本图而言，它表示指向该圆圈结点的任务（箭头）已经完成，后续的任务可以开始。

例如在图1-22中，结点1表示任务A完成，任务B可以开始，结点2表示任务A、B都已完成，任务C、D可以开始。

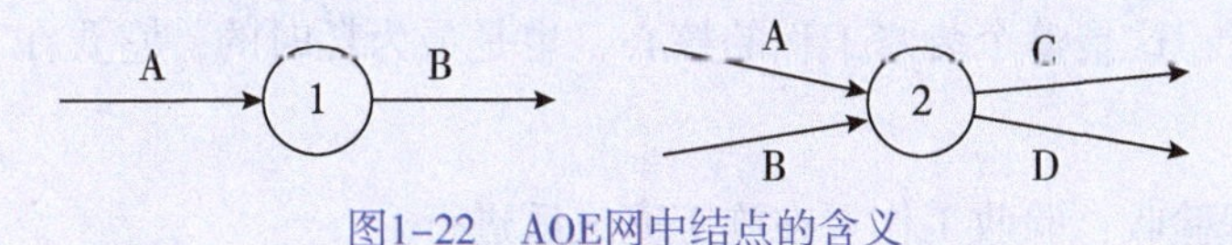

图1-22 AOE网中结点的含义

这种以图中结点表示事件、有向边表示活动、边上的权值表示活动持续时间的图称为AOE网（Activity On Edge Network）。AOE网是工程项目管理中常用的工具，读者在理解AOE网时要与前面章节中介绍的AOV网相区别。AOE网最大的特点是图中所有的活动（任务）都标注在边上，而结点一般表示指向该结点的任务完成。

按照图1-21安排工作计划共需要耗时108天才能完成装修并入住新房。显然图1-21所示的安排工序的方法显然是不合理的，将每件任务都按顺序执行势必存在时间上的冗余和浪费。这是因为图1-21所示的AOE网中箭头前后的两事件之间并不一定都存在着先行后续的关系，也就是说，如果将可以并行执行的两件任务按顺序执行，就会产生无谓的时间浪费。例如任务H“结账”和任务I“选择家具家电”之间就不存在必然的先行后续的关系，按这两个任务顺序执行是完全没有必要的。

其实只要仔细分析每个任务的内容及任务之间的关系，就可以规划出更为合理的工序安排。下面我们就结合这个实例具体分析一下。

A. 选择有资质的家居设计公司：这是家居装修的第一步，首先必须要选择一家有资质的设计公司帮我们对整体的装修风格和样式进行规划设计，所以这一步是基础。

B. 请设计师设计装修方案：这一步要在（A）完成后进行。

C. 选择性价比高的装修队：选择装修队其实跟选择设计公司并没有直接的先后关系，因此可以与（A）同时进行。

D. 业主、设计师、装修队讨论具体的装修方案，并进行估价：这项工作应当是一个集成点，即在（A）（B）（C）都完成的基础上的一个汇总。

E. 购买装修建材：在最终确定了装修方案并进行整体估价后，就可以购买装修建材了，因此（E）一定要在（D）完成后进行。

F. 施工：这是整个装修工程的核心，也是最为耗时的，它要在（E）完成后进行。

G. 工程验收：验收工作要在施工完成后进行。

H. 结账：验收合格后方能结账。

I. 选择家具家电：要入住新房，选择家具家电是必不可少的，但是这件事可以在确定完整体装修方案后就开始着手去办，在这个环节中可以货比三家，选择你心仪的家具家电。

J. 订购家具家电：经过数天的挑选比较，就可以预订你选中的家具和家电了。

K. 新房布置摆放：在验收通过并跟设计公司和装修队账目结清后，新房就由业主自行处置，这个时候可以将购买的家具和家电摆放到新家中。

通过以上分析我们不难发现，其实家庭装修及新房入住完全没有必要像图1–21顺序安排每一道工序，有些任务可以并行执行，这样会更加省时高效。图1–23描述了改进后的工程AOE网。

如图1–23所示，由于调整了工作顺序，一些任务得以并行执行，因此整个工期的总耗时也相应缩短了。图中粗体线标示的路径上所耗费的时间之和即为整个工期的总耗时，共花费95天，这要比顺序执行各项任务节省13

天的时间。

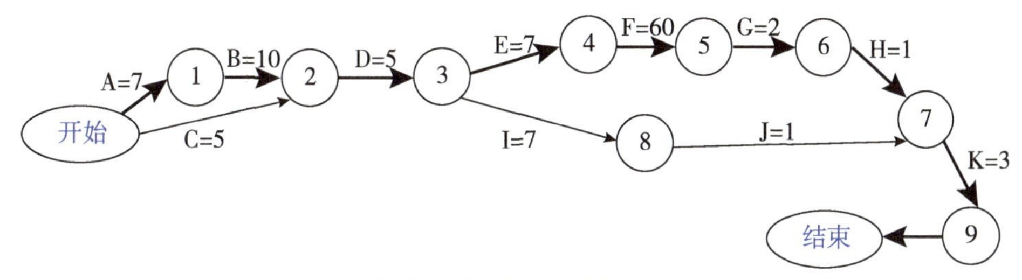

图1–23 改进后的工程AOE网

看来只要认真分析每项任务之间的关系，并应用AOE网作为工具，以图的形式展示出每项任务之间的先后关系以及所消耗的时间，将没有直接先后关系的两项任务尽可能地并行安排，便可以规划出更为合理而高效的工序。

应用AOE网不但可以更加合理地安排工序，而且还可以在此基础上更加科学高效地管理整个项目的进度。这里向大家介绍一种基于AOE网的经典项目管理方法——关键路径法（Critical Path Method，CPM）。

图1–23中一共包括四条路径：开始-1-2-3-4-5-6-7-9-结束，开始-2-3-4-5-6-7-9-结束，开始-1-2-3-8-7-9-结束，开始-2-3-8-7-9-结束。其中粗体线标示的路径（开始-1-2-3-4-5-6-7-9-结束）是所有路径中耗时最长的一条，在AOE网中，这条路径被称为关键路径（Critical Path）。关键路径是整个项目工期序列中最重要的路径，即使很小的浮动也可能直接影响整个项目的最早完成时间。关键路径的工期决定了整个项目的工期，任何关键路径上终端元素的延迟都会直接影响项目的预期完成时间。因此在整个项目管理中，把握关键路径下每项任务的工期尤为重要，它将影响整个项目的进度。例如图1–23，如果任务F“施工”的时间由于某些原因而被迫延迟10天，那么整个工期也会被延迟10天而变为105天。但是不在关键路径上的任务就允许延迟，或者叫做允许窝工。例如任务I“选择家具家电”原定的时间为7天，但是如果7天不能完成也没关系，因为与任务路径3-8-7并行的3-4-5-6-7预期总耗时为70天，因此任务I和任务J只要能在70天内完成就不会影响整个工程的进度。通过这个例子我们便可知道关键路径上的任务进度决定了整个工程的进度，非关键路径上的任务允许一定的延迟窝工，并不会影响整个工程的进度。另外，如果

能将非关键路径上的任务提前完成，然后将闲置的人力投入到关键路径上的任务中去，便可以提高整个工程的进度。在许多大型项目的管理中这种方法会被经常用到。因此，在一个项目管理的AOE网中找到关键路径就显得十分重要，掌握了项目进程中的关键路径可以有效地控制整个项目的进度，合理地调配人力资源，更加科学高效地对项目进行管理。下面我们就介绍一下如何在AOE网中寻找关键路径。

在一个AOE网中寻找关键路径，首先要计算一下每个事件的最早发生时间t_E。我们在图中每个事件结点旁边用方框标识出来。如图1-24所示，方框内标识的即为该结点所代表事件的最早发生时间t_E，例如事件2的最早发生时间为17，也就是说第17天任务A、B、C都可以完成。那么t_E是怎样计算出来的呢？计算t_E时应遵循下面的公式：

$$t_{Ej} = \mathrm{Max}\{t_{Ei} + \mathrm{dur}(<i, j>)\}$$

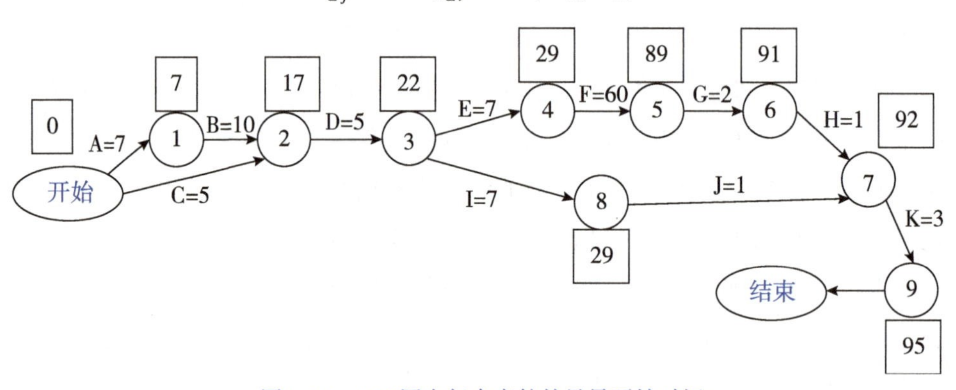

图1-24　AOE网中每个事件的最早开始时间t_E

该公式是递推形式的公式，在该公式中，t_{Ej}表示要计算的当前事件（记作事件j）的最早发生时间，t_{Ei}表示当前事件的前一个事件（记作事件i）的最早发生时间，dur（$<i, j>$）表示事件I到事件J之间的耗时，也就是完成任务$<i, j>$所花费的时间。因为当前事件j的前一个事件不一定只有一个，所以，我们这里取其中最长的时间作为事件j的最早发生时间。例如图中事件2的最早发生时间t_{E2}就等于Max{t_{E1}+10，$t_{E开始}$+5}=Max{17，5}=17。

接下来我们还要计算一下每个事件的最晚发生时间t_L。我们在图中每个任务结点旁边用三角框标识出来。如图1-25所示，三角框标识的数字即为该事件的最晚发生时间。所谓最晚发生时间，是在不延误整体工程进度的前提下计算出来的。我们在图1–24中计算出了每个事件的最早发生时间，如图所示最后一个事件9的最早发生时间为95，即第95天可以将新房布置完毕并入住。我们以此作为基础，令最晚布置完新房并入住的时间也是第95天，并从最末的结点开始向前推，这样可以依次求出前面每个事件的最晚发生时间t_L。计算t_L时应遵循下列公式：

$$t_{Li} = \mathrm{Min}\{t_{Lj} - \mathrm{dur}(<i, j>)\}$$

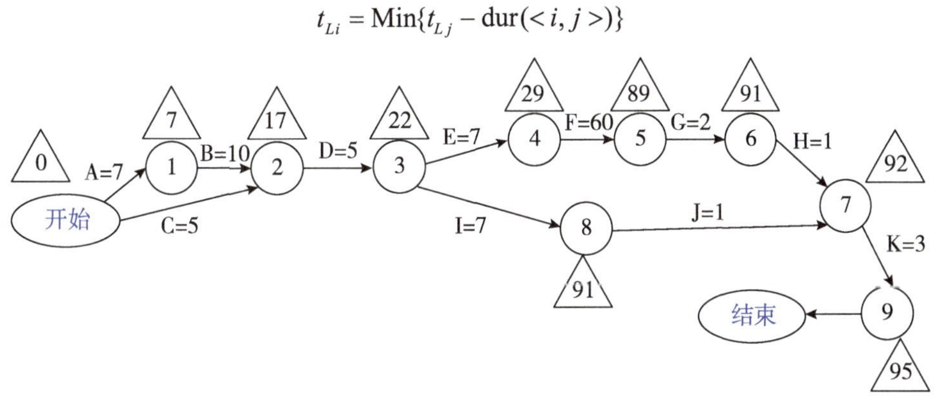

图1–25　AOE网中每个事件的最晚发生时间t_L

该公式也是递推形式的公式。在该公式中，t_{Li}表示要计算的当前事件（记作事件i）的最晚发生时间，t_{Lj}表示当前事件的后续事件（记作事件j）的最晚发生时间，dur（<i，j>）表示从事件i到事件j之间的耗时，也就是完成任务<i，j>所花费的时间。当前事件的最晚发生时间等于其后续事件的最晚发生时间与完成两事件之间任务所需耗时的差。当有多个后续任务时，取其中最小的差作为当前事件的最晚发生时间。例如图中事件3的最晚发生时间t_{L3}就等于Min{ t_{L4}-7，t_{L8}-7}=Min{22，84}=22。

这里需要提醒大家注意，上述AOE网中的圆圈结点表示的是“事件”，有向边表示的是“任务”。所谓事件是指执行完某项或者某几项任务之后的一个汇集点，或者叫做里程碑。在AOE网中，一个事件的发生标志着一个或多个任务的完成，同时也标志着后续的一个或多个任务即将发生。因此事件本身是一个抽象的概念。

计算出每个事件的最早发生时间和最晚发生时间后，我们就可以进行比较，很显然满足$t_E=t_L$的事件一定在关键路径之上，对应的任务也是关键路径上的任务。而对于那些$t_E \neq t_L$的事件，则一定不在关键路径上，对应的任务也不是关键路径上的任务。如图1–24和图1–25所示，事件8的最早发生时间为29，最晚发生时间为91，因此事件8不在关键路径上，对应的任务I和J也不是关键路径上的任务；而事件6的最早发生时间为91，最晚发生时间也是91，因此事件6在关键路径上，对应的任务G和H也在关键路径上。

同时，我们可以计算出每个事件的时差$t_\Delta=t_L-t_E$，这个时差表示该事件对应的任务允许延迟（窝工）的时间。例如事件8的时差为91–29=62，也就是说任务I可以在第22天到第84天之间的任何一天开始执行都不会影响整体工程的进度（前提是能够确保7天内可以选定心仪的家具和家电）。另外任务I也可以延长时间完成，最多可延长62天。

当然，如果由于某项任务是非关键路径上的任务就不充分利用时间肯定不利于整体工程的效率，因此当我们了解项目的关键路径之后，就可以对非关键路径上的任务减少人力投入，或者将空闲出的人力物力投入到关键路径上的任务中去，这样既可以节省成本，提高工程质量，又可以加速整体项目的进度。

对于房子装修的案例，应用关键路径法进行项目管理似乎有些小题大做，但是在实际工作中经常会遇到许多更加复杂的问题，这时运用AOE网和关键路径法进行项目工程的管理将会给你带来很大的便利，并使你的工作更加有效率。

知识扩展　　华罗庚先生的“统筹法”

关键路径法是一种基于数学的项目管理方法，在一些公司企业的项目管理中已得到广泛的应用。关键路径法可以分为两种——基于箭线图（ADM）和基于前导图（PDM）。所谓箭线图就是我们前面讲到的AOE网，它是以横线箭头表示活动（Activity），以带编号的节点连接这些活动。而前导图则是用节点表示活动，以节点间的连线表示活动间的逻辑关系。我们在理解关键路径法时，要对这两种图加以区分。

在中国，关键路径法又被称为统筹方法，这是我国著名数学家华罗庚先生在上世纪六七十年代大力推广的“双法（统筹法和优选法）”之一。前面已经讲到，华罗庚先生在探索数学与工农业生产实践相结合的道路时，发现数学中的统筹法（即关键路径法）和优选法（即黄金分割法）可以在生产实践中应用和推广。于是他不顾身体的疾患，奔走于全国各个工矿企业和农村推广“双法”，并亲自撰写了《统筹方法平话及补充》《优选法平话及其补充》两本通俗易懂的小册子供广大工人农民学习。“双法”的推广为当时中国的经济发展做出了不可磨灭的贡献。

华罗庚先生在青岛某工厂与工人讨论统筹方法

华罗庚先生在哈尔滨汽轮机厂听取工人介绍应用统筹法取得的成果

1.11 变速车广告的噱头

目前市场上变速自行车十分流行，于是有些商家就打出广告，声称自己的变速车支持8变速，10变速，甚至还有24变速。对于普通的消费者，往往会被这些数字所迷惑，认为支持变速越多的自行车就越好，价格自然也就越贵。然而你有没有想过，这些车真的支持那么多变速吗？还是只是一个噱头？我们可以通过下面这个题目了解其中的真相。

有一种品牌的变速自行车声称支持10变速，已知其前齿轮组有2个齿轮，其齿数分别为49和40，后齿轮组有5个齿轮，其齿数分别为28，25，20，17，14。请问这款自行车实际支持多少变速？

分析

在解决这个题目之前，我们首先要知道什么是变速自行车？变速自行车的变速原理是什么？

所谓变速自行车是指在骑车人脚踏车蹬转速一定的前提下，自行车在路上行走的速度可以随着变速档位的不同而发生改变。更形象地说，就是骑车人脚踏车蹬一圈，自行车会因为变速档位的不同而导致向前行进的距离也有所不同。例如在低变速档位时，骑车人脚踏车蹬一周，自行车可能向前行进2米；但是在高变速档位时，骑车人脚踏车蹬一周，自行车可能向前行进5米，这样骑车人以相同的脚踏车蹬周数骑车，高档位时车子行进的速度会更快。

那么变速自行车的变速档位是由什么决定的呢？有一定物理知识的读者可能知道，这取决于自行车主动齿轮和被动齿轮的齿数比。其结论是：齿数比越大，变速档位越高，车子骑行的速度越快；相反，齿数比越小，变速档位越低，车子骑行的速度就越慢。而对于齿数比相近的情况，车子的变速差异不大，因此骑车人的变速体验并不明显。

为什么变速自行车的变速档位取决于主动齿轮和被动齿轮的齿数比呢？我们一起了解一下。

众所周知，自行车一般都有2个齿轮，前面的齿轮叫做主动齿轮，它跟脚蹬直接连接，骑车人脚踏车蹬的速度直接控制着主动齿轮的速度。后面的较小的齿轮叫做被动齿轮，它跟主动齿轮之间通过一条车链相连接，因此主动齿轮的速度通过车链传递到被动齿轮之上。被动齿轮跟自行车的后轮同轴，因此直接控制着后轮的转速，而自行车的后轮是驱动轮，决定着自行车的行速。因此被动齿轮的转速影响着自行车的行驶速度。如图1–26所示，展示了自行车齿轮的基本构造及原理。

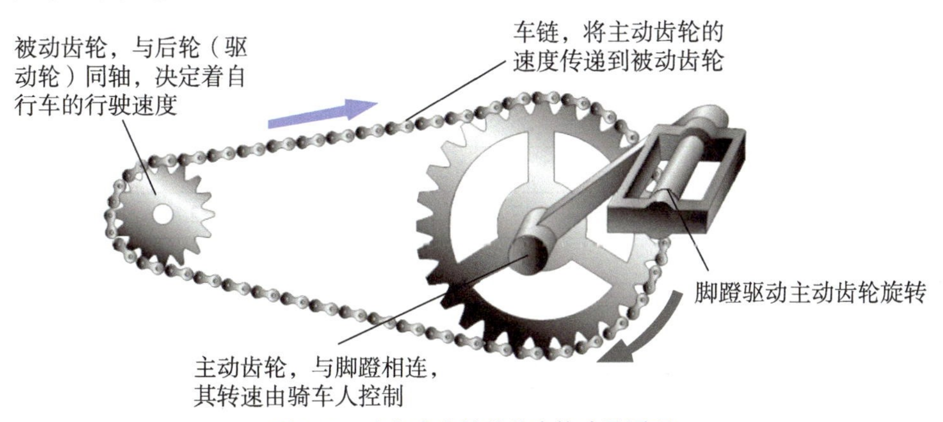

图1–26　自行车齿轮的基本构造及原理

假设主动齿轮的转速为ω_1 r/s（转/秒），主动齿轮的齿数为d_1，被动齿轮的转速为ω_2 r/s，被动齿轮的齿数为d_2，因为两齿轮之间由一条车链相连，因此它们的线速度是相等的，即

$$\omega_1 d_1 = \omega_2 d_2$$

这样就有：

$$\omega_2 = \omega_1 \frac{d_1}{d_2}$$

因此，在主动齿轮的转速ω_1一定的前提下，被动齿轮的转速ω_2就取决d_1/d_2，d_1/d_2越大，ω_2就越大，变速档位也就越大；反之d_1/d_2越小，ω_2就越小，变速档位也就越小。不难理解，当d_1等于d_2时，ω_1就等于ω_2，即如果前后两个齿轮同样大小（齿轮数相等），那么显然前后两齿轮的转速是相等的。

再回到本题中来，题目中讲到这种品牌的变速自行车宣称支持10变速，这是因为它的前齿轮组有2个齿轮，后齿轮组有5个齿轮，这样前后齿轮的组合共有2×5=10组，对应10个齿数比d_1/d_2，所以商家说它支持10变速。但是我们了解变速自行车齿轮变速的基本原理后就会知道，如果前后齿轮的齿数比近似的话，车子的变速差异不大，因此骑车人的变速体验并不明显。我们现在就来算一算这个品牌变速自行车每组齿轮组合的齿数比d_1/d_2的值，计算结果见表1–6所示。

表1–6 该品牌变速自行车的齿数比

大齿轮齿数（d_1）	小齿轮齿数（d_2）	齿数比（d_1/d_2）
49	28	1.75
	25	1.96
	20	2.45
	17	2.88
	14	3.5
40	28	1.43
	25	1.6
	20	2
	17	2.35
	14	2.86

从表1–6中不难看出，大小齿轮的齿数比有些值是十分近似的。例如：

- d_1=49，d_2=28，齿数比为1.75和d_1=40，d_2=25，齿数比为1.6；
- d_1=49，d_2=20，齿数比为2.45和d_1=40，d_2=17，齿数比为2.35；
- d_1=49，d_2=17，齿数比为2.88和d_1=40，d_2=14，齿数比为2.86；

这三组齿数比就十分近似，对于骑车人来说，变速的体验是十分不明显的，因此宣称支持10变速的自行车，其实用户也就只能感受到7种变速体验。

这里仅是一个例子，并不代表具体哪一品牌的变速自行车，但是通过科学的计算和论证，我们得出这样的结论：宣称支持很多种变速的自行车，有时就是一个噱头。

1.12 估测建筑的高度

在我们的日常生活中，有时需要知道某些建筑物的高度，虽然不一定要求十分精准，但是也希望能得到大致的估测值。你有什么好办法估测出建筑物的高度吗？

分析

测量建筑物高度的方法很多，其实有一种最为简单易行且准确度较高的方法就是利用建筑物的投影估测建筑物的高度。

我们都知道，光是沿直线传播的，光线照射到建筑物上会形成投影，从而光线、建筑物、投影之间就形成了规则的几何形状，我们可以利用这种几何关系计算建筑物的高度。

例如，某时刻阳光照射到某高楼上形成了投影，光线、高楼、投影之间就形成了一个三角形，如图1-27所示。这样我们就可以通过测量投影的长度，并通过该长度与建筑物高度之间的比例关系计算出建筑物的高度。有的读者会问：我怎么知道投影长度和建筑物高度的比例关系是多少呢？其实我们可以利用几何学中相似三角形的理论求解这个问题。

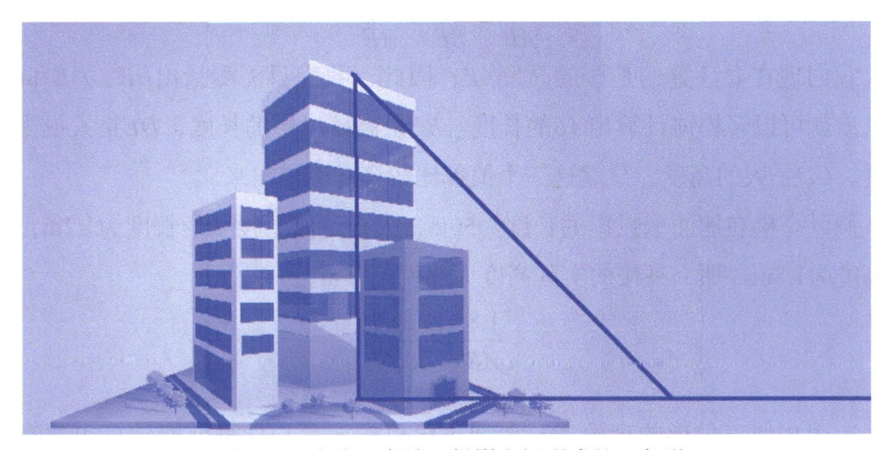

图1-27 光线、高楼、投影之间形成的三角形

如图1-28所示，该图为计算建筑物高度的几何示意图，图中线段AB表示楼的高度，AE表示光线，BE表示光线照射在高楼上形成的投影，CD表示人的高度，DE表示光线照在人身上形成的投影。这里将光线、高楼和高楼投影之间形成的三角形与光线、人和人投影之间形成的三角形叠加到一起，为的是体现两个三角形之间的相似关系。在实际操作中，投影BE和投影DE需要在同一时间分别测量。

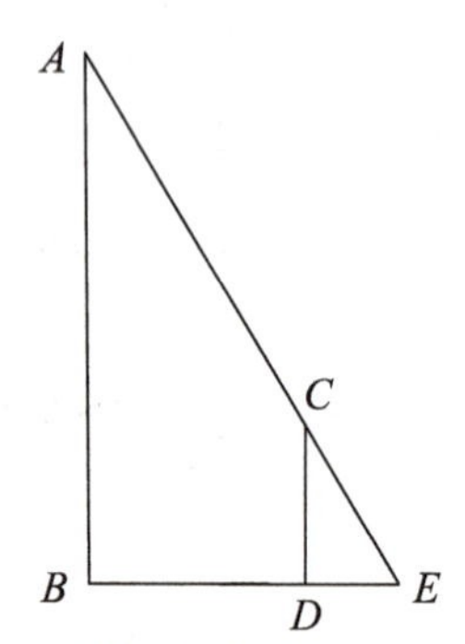

图1-28　计算建筑物高度的几何示意图

由于同一时间阳光照射地面的角度是一定的，同时建筑物和人都是保持与地面垂直，即$\angle ABE=\angle CDE=90°$，因此，根据平面几何的知识我们知道$\Delta ABE$与$\Delta CDE$相似，即$\Delta ABE \backsim \Delta CDE$，所以就有如下的比例关系，

$$\frac{CD}{AB}=\frac{DE}{BE}=\frac{CE}{AE}$$

我们现在要计算的是楼的高度AB，因此，我们只需测量出BE、DE和CD的长度就可以轻松地计算出AB的长度。BE是高楼投影的长度，DE是人投影的长度，CD是人的高度，显然这三个值都比较容易测量出来。

假设高楼在地面上投影的长度为50m，人在地面上投影的长度为1.2m，人的高度为1.8m，那么高楼的实际高度大约就是75m。

$$\frac{1.8}{AB}=\frac{1.2}{50}$$

$$AB=75$$

应用相似三角形的理论，只要通过简单的测量和计算就能估算出建筑物的高度。

需要注意的是，这种估算建筑物高度的方法会存在着一定的误差。首先我们这里测量的建筑物局限于上下宽度相近的建筑物，例如普通的塔楼、形状规则的大厦或是结构简单的烟囱、旗杆之类。图1–29可以解释其中的原因。

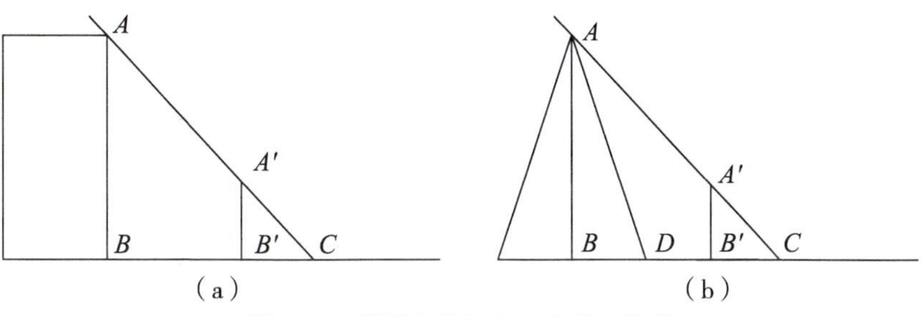

图1–29　测量建筑物高度的误差说明

如图1–29，在图（a）中，建筑物上下宽度一致，因此$\angle ABC=\angle A'B'C=90°$，$\Delta ABC\backsim\Delta A'B'C$。这样求出的$AB$长度也就是建筑物的高度。而图（b）所示的建筑物为一个上窄下宽的三角形建筑物，我们在测量建筑物的投影时只能测出DC的长度，然而我们真正需要知道的是BC的长度，如果依然套用上述相似三角形的比例关系计算该建筑物的高度势必会产生误差。这种情况下我们还要事先测量出建筑物内部BD的长度才能进行计算。

另外，在测量地面上投影的长度时，由于地面的凹凸不平也会造成误差。因此，应用这种方法测量建筑物的高度只能是估算，要想得到更加精确的高度还需要专业的测量仪器和测量方法。

知识扩展

巧算金字塔的高度

金字塔是古埃及灿烂文明的象征。著名的狮身人面像和胡夫金字塔早已妇孺皆知、举世闻名。在蜿蜒的尼罗河畔，散落着数十座古埃及法老的陵寝，数千年来沉睡在这里，凝视着这片古老土地的世世沧桑，这便是被称作世界七大奇迹之一的埃及金字塔。

你能有办法测量出金字塔的高度吗？

显然用前面介绍的那种方法似乎有些难度，因为前面介绍的方法一般适用于上下宽度相近的建筑物测量，像金字塔这种三角锥体的建筑物测量起来会有很大的误差。另外，我们也很难进入金字塔内部测出金字塔底座中心到金字塔底座边缘的长度。所以需要用新的方法进行测量。

狮身人面相

胡夫金字塔

这里向大家介绍一种更加精准的测量建筑物高度的方法。如图1–30所示。

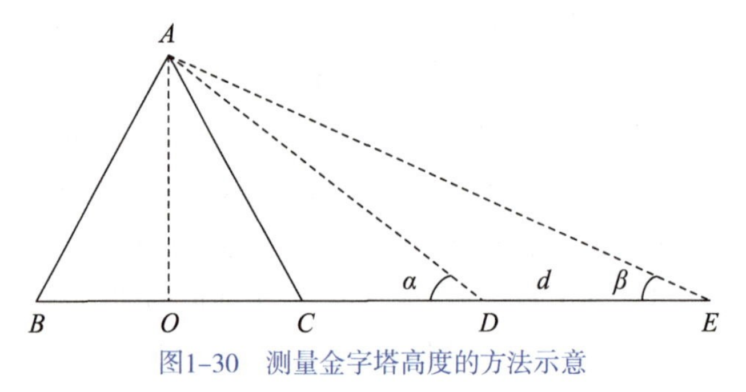

图1–30　测量金字塔高度的方法示意

图中ΔABC表示金字塔，线段AO垂直于地面BC，由于金字塔的纵切面是一个等腰三角形，所以O点是金字塔底座BC的中心，即$BO=OC$。要计算AO的长度，我们可以在金字塔外的某点D做一个标记，用经纬仪等测量工具测出仰角$\angle ADC$的角度α，再选取同一直线外的一点E做一个标记，用仪器测出仰角$\angle AEC$的角度β，再量出DE之间的距离d。

因为

$$\tan\alpha=\frac{AO}{OD}$$

$$\tan\beta=\frac{AO}{OE}=\frac{AO}{OD+DE}=\frac{AO}{OD+d}$$

所以有

$$OD=\frac{AO}{\tan\alpha}$$

将其代入式中$\tan\beta=\frac{AO}{OD+d}$可得

AO即所要测量的金字塔的高度。

$$\tan\beta=\frac{AO}{\frac{AO}{\tan\alpha}+d}=\frac{AO\tan\alpha}{AO+d\tan\alpha}$$

$$AO(\tan\alpha-\tan\beta)=d\tan\alpha\tan\beta$$

$$AO=\frac{d\tan\alpha\tan\beta}{\tan\alpha-\tan\beta}$$

应用这种方法，只需通过经纬仪测出$\angle ADC$的角度α、$\angle AEC$的角度β以及标记D和E之间的距离d就可以通过上式计算出建筑物的高度。计算一些不规则形状的建筑物高度时可以采用这个方法。

1.13 花瓶的容积巧计算

计算容器的容积是我们时常碰到的问题，但在我们的中学课本中只介绍了简单的正方体、长方体、圆柱体、椎体、球体等体积计算公式，而我们日常生活中需要计算的往往是一些形状并不规则的容器容积，这该怎样计算呢？例如图1–31中的花瓶，你能计算出这些花瓶的容积吗？

图1–31 一些不规则形状的花瓶

分析

计算这种不规则形状的容器容积有很多方法，但有时我们会陷入一种误区，认为必须通过公式严密地推导和计算得出来的数据才可靠，其实并非如此。

例如这个题目，用公式推导的方法计算容积会很麻烦，因为花瓶的形状并不规则，不一定有现成的公式可用。如果用建立数学模型，然后采用定积分的方法求解容积固然可行，但未免小题大做了。其实数学不一定那样拒人于千里之外，有时“土办法”也闪烁着智慧的光芒。

可以把计算体积转化为计算重量。计算的方法如下：

首先在秤上称出花瓶的质量$m=x$kg；

再将花瓶盛满水，放在秤上称出花瓶和水的总质量$m=y$kg；

这样花瓶中水的质量就是$m=(y-x)$ kg，已知水的密度为$\rho=1\ 000\text{kg/m}^3$，因此根据密度、体积、质量三者的关系公式：

$$V=\frac{m}{\rho}$$

轻松地计算出水的体积V，这也就是花瓶的容积。

这个问题虽然很简单，但是其背后蕴含着一个深刻的道理——应用常规思路不容易解决的问题，换个思路或许就会迎刃而解，正所谓“山重水复疑无路，柳暗花明又一村”。

知识扩展　“神算”于振善的故事

上面介绍了计算不规则容器容积的方法，其实应用这种思想也可以计算不规则图形的面积。下面向大家介绍一个“神算”于振善计算地图面积的故事。

于振善早年是河北清苑县的一个木匠，因其才思敏捷，精通计算而闻名乡里，常有人请他计算地亩，他也靠自己的聪明才智解决了许多难题。有一次，清苑县的一部分划给了邻接的安国县，县长想了解一下清苑县剩余土地面积是多少。由于地图不规则，没有人能计算得出来，于是县长找到了于振善帮忙解决这个问题。

于振善的算法与我们测量花瓶容积的方法异曲同工。他的做法是这样的：

首先找一块密度均匀的矩形木板，再按照清苑县地图的比例尺计算出该矩形木板代表的面积为1 000平方里。例如清苑县地图的比例尺为1cm=1里，那么只要找一块面积为1 000cm^2的木板就可以代表1 000平方里的土地。

然后称出该木板的质量为10两。这样10两重的木板就表示1 000平方里的土地。

再将清苑县的地图贴到该木板上，然后将地图沿着边界锯下来，再称得锯下来的木板质量为7两5钱3分。

这样就可以得知清苑县现有土地面积为753平方里。

这种方法十分巧妙，准确度很高且计算容易，因此得到大家的一致称赞和认可。

这种方法看似“很土”，却闪烁着智慧的光芒，并且可以解决我们遇到的一些棘手问题，它凝聚着劳动人民的智慧。

由于于振善的聪明和勤奋，新中国成立后，华北人民政府教育部保送他到天津的北洋大学（现天津大学）学习。后来于振善又转到南开大学数学系继续深造。1959年，于振善创造了“划线计算法”和“数块计算法”，经南京大学数学系鉴定和数学专家证明，完全符合数学原理。1962年，他又创造了“杆珠计算法”。此后，又发明了“双珠计算法”、“复式珠算法”和“快准珠算法”等。于振善一生勤于钻研，硕果累累，被人们称为“神算”。

于振善正在研究珠算

于振善的著作《于振善尺算法》

1.14 铺设自来水管道的艺术

六个城市之间要铺设自来水管道，城市和道路的结构如图1-32所示。

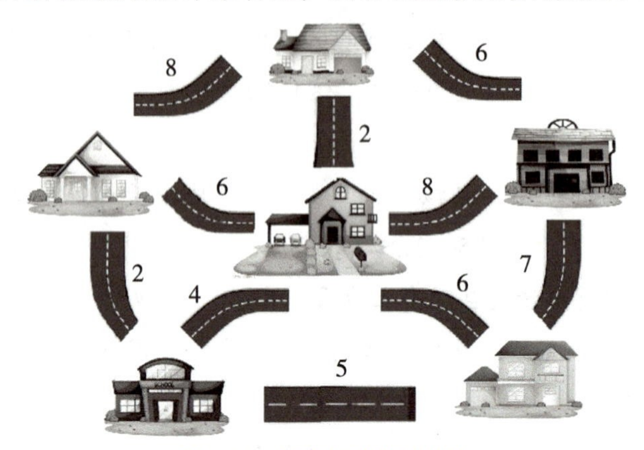

图1-32 城市与道路的结构

图1-32中，六个城市都有道路相通，道路上标志的数字为该道路的长度。

某自来水公司要沿着道路铺设自来水管道，要求使得六个城市都能通过管道相连，同时铺设自来水管道的总长度越小越好。你能给出一个最优化的铺设自来水管道的方案吗？

分析

分析这类问题时我们首先可以将城市与道路的结构图抽象为如图1-33所示的样子，这样更加直观、便于分析。

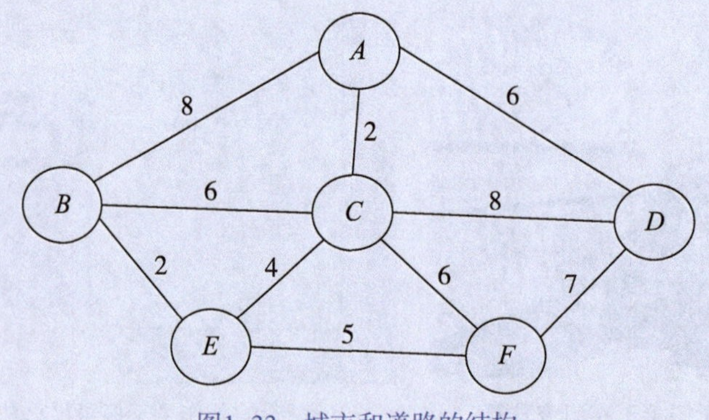

图1-33 城市和道路的结构

图中圆圈所示的结点表示六个城市（A，B，C，D，E，F），结点之间的连线表示城市间的道路，连线上面的数字表示该道路的长度。

如果像图1–33所示的那样在每条道路上都铺设自来水管道当然可以达到“使得六个城市都能通过管道相连”的目的，但是这种铺设方法显然是没必要的。因为要实现城市之间的连通，不一定要在连接城市之间的每一条道路上都铺设管道，像图1-34那样铺设自来水管道也是可以的。

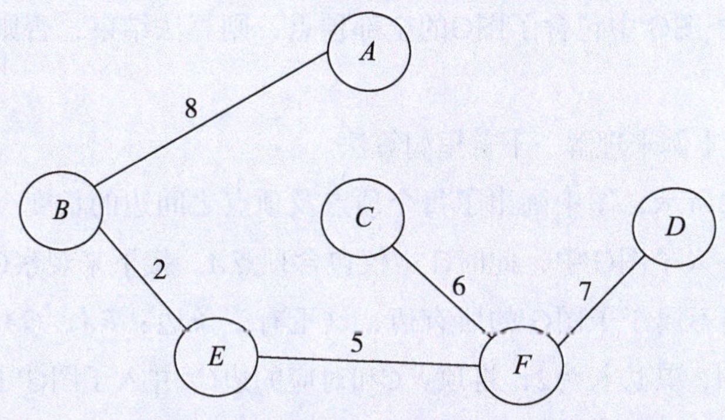

图1–34　一种铺设自来水管道的方案

如图1–34所示，六个城市通过铺设的自来水管道相连接，也就是说如果自来水公司通过这条管道供水，六个城市都可以得到自来水，而不会有一个或几个城市得不到。

因此，并不需要在连接城市之间的每条道路上都铺设管道，而只需在部分道路上铺设管道即可。但是图1–34所示的铺设自来水管的方案并不一定就是本题的答案，因为题目中还要求“自来水管道的总长度越小越好”，而按照上面这个方案铺设的自来水管道不一定是最短的。

我们可以用数学的语言对该题进行描述，进而求解该题目。我们可以把城市以及城市之间的道路看作一个图（图论中的一个概念），记作G，城市和城市之间铺设的自来水管道也可以构成一个图，记作G′。现在要求解的就是图G′，它是图G的一个子图。按照题目的要求，图G′应该是连通的（即六个城市通过铺设的自来水管道相连接），同时G′中边的总长度最短（即自来水管道最短）。在数学中，这个问题被称为最小生成树问题。

有两种经典的算法可以求解最小生成树——普里姆（Prim）算法和克鲁斯卡尔（Kruskal）算法。下面我们分别介绍。

首先介绍普里姆算法。普里姆算法的步骤可描述如下：

（1）取图G中的某一顶点V，令子图G′中仅包含该顶点V；

（2）观察图G中一端属于子图G′，一端不属于子图G′的所有边，选择其中一条最短的边e，将该边以及它的顶点都加入子图G′中；

（3）若子图G′中包含了图G的全部顶点，则算法结束，否则重复执行步骤（2）。

下面结合本例来理解一下普里姆算法。

如图1–33所示，图中画出了每个顶点及顶点之间边的长度。首先取顶点A，将顶点A并入子图G′中，此时G′中仅包含顶点A。接下来观察G中一端属于子图G′，一端不属于子图G′的所有边，这里有三条边：BA、CA和DA。其中最短的边是CA，其边长为2，将顶点C和对应的边CA并入子图G′中。此时G′中包含两个顶点（A和C）及一条边CA，因此重复步骤（2）继续求解最小生成树。按照上述步骤反复执行，直到G′中包含了全部六个顶点为止，得到的子图G′即为图G的最小生成树。应用普里姆算法求解题目中给定图的最小生成树的过程如图1–35所示。

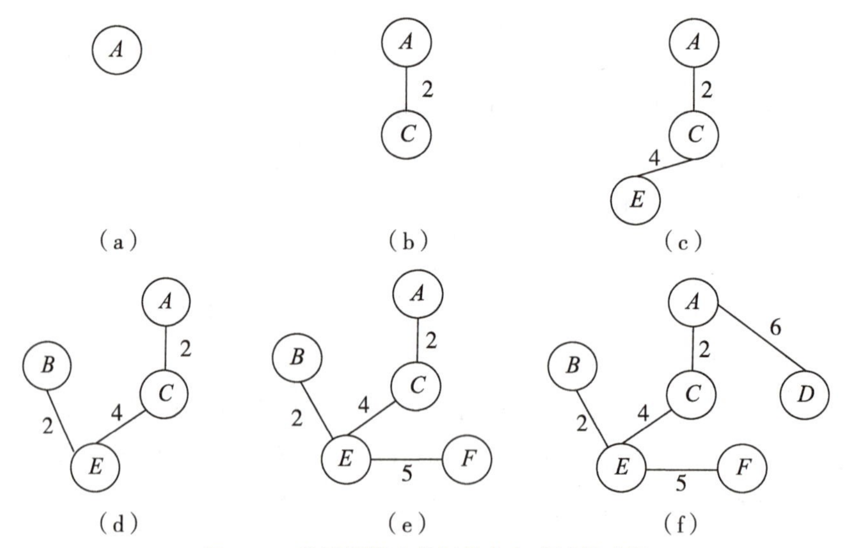

图1–35　普里姆算法求解最小生成树的过程

图1–35所示为应用普里姆算法求解最小生成树的过程，其中图（f）为最终得到的最小生成树G′，其边长之和为19。也就是说应用这种铺设自来水管道的方案，水管的总长度为19，并可以使城市之间通过自来水管道连通。

下面介绍克鲁斯卡尔算法。克鲁斯卡尔算法的步骤可描述如下：

（1）令最小生成树的初始状态为含n个顶点的无边非连通图，图中每个顶点自成一个连通分量；

（2）在所有边中选择长度最短的，若该边依附的顶点落在图中不同的连通分量上，则将该边加入图中，否则舍去该边而选择下一条长度小的边；

（3）重复步骤（2），直到所有的顶点都在一个连通分量上为止。

下面结合本例来理解一下克鲁斯卡尔算法。

首先初始状态包含图G中的6个顶点，但不包含任何边，每个顶点自成一个连通分量，如图1–36所示。

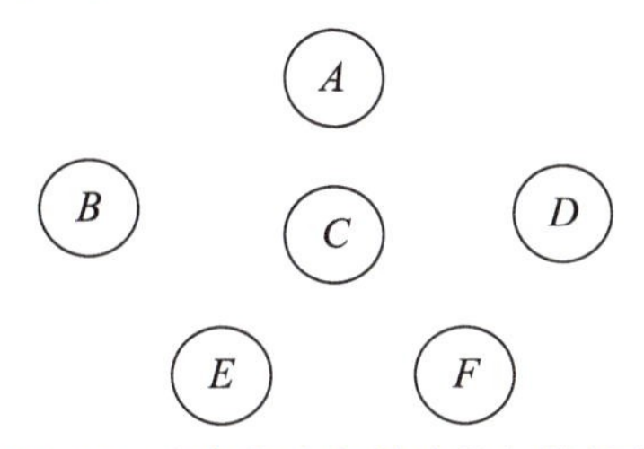

图1–36　克鲁斯卡尔算法的初始状态

然后在所有边中选择出长度最短的一条，即$AC=2$，再观察该边所依附的顶点是否落在图中不同的连通分量上。因为顶点A和顶点C属于不同的连通分量，所以将边AC加入到图G'中，如图1–37所示。

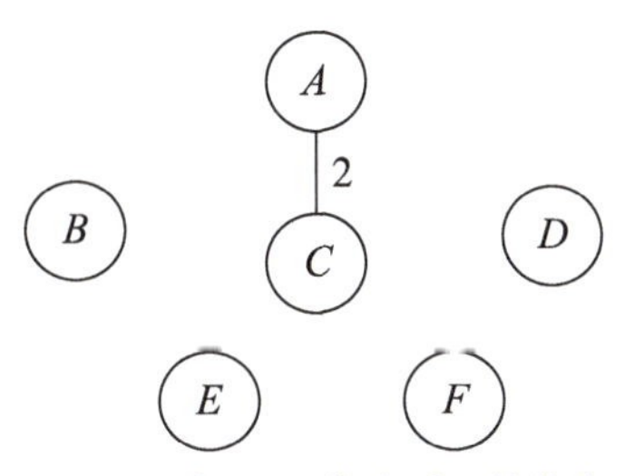

图1–37　加入一条边后G′的状态

接下来再选择一条长度最小的边。因为边AC已加入到图G′中，所以我们需要从边{AB，AD，BC，BE，DC，DF，EC，EF，CF}这9条边中选择最小的。因此选择边BE=2。因为顶点B和顶点E分属两个不同的连通分量，所以将边BE加入到图G'中。

重复上述操作，直到所有的顶点都在一个连通分量上为止，得到的图G就是图G的最小生成树。应用克鲁斯卡尔算法求解题目中给定图的最小生成树的过程如图1–38所示。

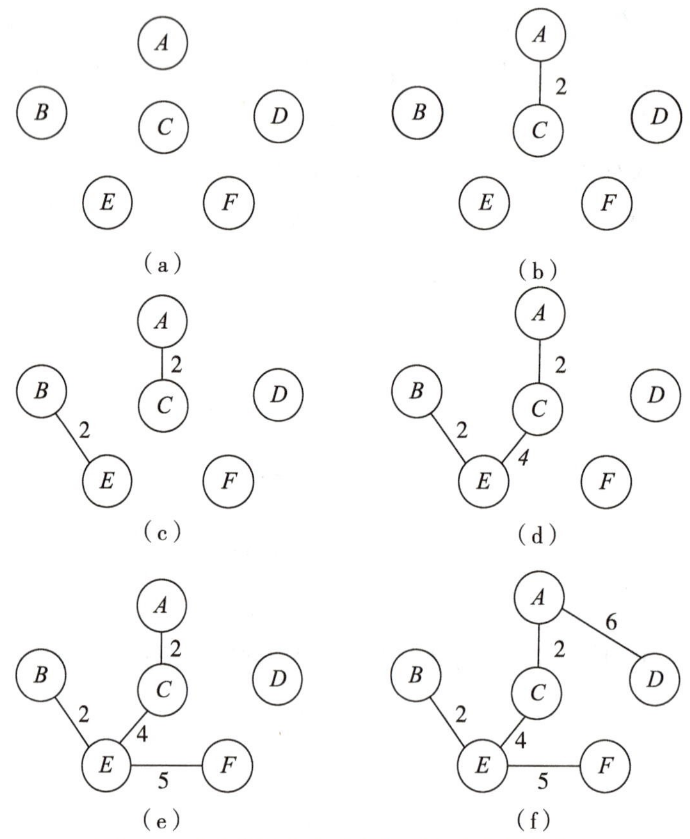

图1–38　克鲁斯卡尔算法求解最小生成树的过程

图1–38描述了应用克鲁斯卡尔算法求解图G最小生成树G'的过程。需要注意一点的是图（f）添加边AD的过程。在图（e）的状态下再添加一条边，此时可供选择的边包括{AB，AD，BC，CD，CF，FD}共6条。在这些边中BC=6，CF=6，AD=6，其他的边长度均大于6。而边BC和CF依附的顶点均落

在图中的同一个连通分量上，所以不能选择，而边AD依附的顶点A和D分属两个不同的连通分量，故选择边AD加入到子图G'中。图（f）为最终得到的最小生成树G'，其边长之和为19。也就是说应用这种铺设自来水管道的方案，水管的总长度为19，并且可以使城市之间通过自来水管道连通。

我们将城市之间铺设自来水管道的这样一个实际问题转化为一个数学中图论的问题求解，使得问题更加简化而清晰，同时可以在理论上保证得到的结果为最优解。

知识扩展　　最小生成树

图结构是图论以及计算机科学中经常研究的对象。它将事物之间的关系用抽象的图形表示出来，一般用结点表示事物本身，而用连接两结点之间的连线表示相应两个事物间具有的某种关系。

求解图的最小生成树是图结构的基本算法，很多实际问题都可以转化成为求解无向连通图的最小生成树问题。例如城市之间铺设光缆、管线，架设电话线，轨道建设，工程布网等，实质上都可以抽象成最小生成树问题。因此掌握求解最小生成树的算法是很有用处的。

正如前面介绍的那样，常用的求解最小生成树的算法有两种——普里姆算法和克鲁斯卡尔算法。这两种算法在功能上是等效的，但是它们的适用条件却有所不同。普里姆算法的时间复杂度是$O(n^2)$，n为图中顶点的个数，普里姆算法的复杂度只与图中顶点的个数有关，而与图中边的数目无关。因此普里姆算法适用于求解边稠密而顶点不多图的最小生成树。克鲁斯卡尔算法的时间复杂度为$O(e\log e)$，e为图中的边数，克鲁斯卡尔算法的复杂度只与图中边的数目有关，而与顶点的个数无关。因此，克鲁斯卡尔算法更适用于求解边稀疏图的最小生成树。

有关图及最小生成树的知识在《离散数学》和《数据结构》等书籍中有专门的介绍，有兴趣的读者可以参考阅读。

排列组合和概率是一门揭示事物排列组合关系及随机现象规律的数学学科。在我们的日常生活中几乎随处可见排列组合与概率的影子。例如我们平时估算彩票的中奖概率、抓阄抽奖、棋牌麻将等游戏，以及归纳整理档案、制定运动会的秩序表等工作都要应用到排列组合和概率的知识。因此了解和掌握排列组合和概率知识对于我们处理和解决日常生活中遇到的问题是有所帮助的。同时掌握一些排列组合和概率的思想，并将这种思维方式融入到实际生活当中，你会发现多一条思路，多一种方法，会让我们做起事来更加得心应手，事半功倍。

第2章 上帝的骰子——排列组合与概率

2.1 你究竟能不能中奖

市面上彩票林林总总，令人眼花缭乱。体育彩票、足球彩票、双色球、大乐透、七星彩、刮刮乐……种类繁多，令人目不暇接。很多人把迅速发财致富的筹码押到了购买彩票上面。这些人几乎都在乐此不疲地购买各种彩票，而且每期必买，甚至有些人会斥巨资购买很多注彩票，企图通过这种方法提高中奖机率从而中得大奖，而实际却往往事与愿违，中奖的概率似乎并没有因为他们的“执着”而变大。那么究竟彩票的中奖机率有多大呢？我们现在就来算一算。

有一种体育彩票的玩法如下：

2元钱可以买一张彩票，每张彩票需要填写一个6位数字和一个特别号码。填写的6位数字中每位数字均可填写“0，1，2，…，9”这10个数字中的一个，特别号码可以填写“0，1，2，3，4”这5个数字中的一个。每期体彩设五个奖项，开奖号码由电脑随机产生，包括6位数字和1个特别号码。中奖规则如表2-1所示。

表2-1 中奖规则

中奖级别	中奖规则
特等奖	填写的6位数字与特别号码跟开奖的号码内容及顺序完全相同
一等奖	填写的6位数字与开奖的号码内容及顺序相同，特别号码不同
二等奖	6位数中有5个连续数字与开奖号码相同且位置一致
三等奖	6位数中有4个连续数字与开奖号码相同且位置一致
四等奖	6位数中有3个连续数字与开奖号码相同且位置一致

请计算一下每种奖项的中奖概率分别是多少?

分析

如何计算每种奖项的中奖概率呢？这里面就需要用到排列组合及概率论的知识了。假设开奖的号码为1，2，3，4，5，6，[1]，其中最后一位1是特别号码，因此我们用方框框起来以示区别。那么每种奖项的中奖号码需要满足怎样的特征呢？中奖的概率又分别是多少呢？我们逐一来进行分析。

首先来看特等奖，根据表2-1的描述：填写的6位数字与特别号码需要跟开奖的号码内容及顺序完全相同才能中奖。因此，只有彩民填写的号码恰好是1，2，3，4，5，6，[1] 才能中特等奖。对于彩民而言，事先不可能知道开奖号码是什么，因此只能全凭运气猜写。对于前6位数字，每一位都可以有10种填写方式（0，1，2，…，9），因此组合起来共有10^6种填写方式。同时特别号码共有5种填写方式（0，1，2，3，4）。这样将前6位数字与特别号码组合起来，总共就有5×10^6种填写方式。而真正中奖的号码只有一种，即1，2，3，4，5，6，[1]，这样中特等奖的概率就是P_0=1/（5×10^6）。

再来看一等奖，根据表2-1的描述：填写的6位数字与开奖的号码内容及顺序相同，特别号码不同才能中奖。因此一等奖中奖号码的形式为：

1，2，3，4，5，6，[x]，其中$x\neq1$，$x\in\{0, 1, 2, 3, 4\}$。

如果能中一等奖，特别号码就只能填写0，2，3，4这4个数字其中之一，即有4种填写方式，同时前6位数字依然只有1种填写方式，即1，2，3，4，5，6。而总共填写彩票的方式（前6位数字加上特别号码）依然有5×10^6种，因此中一等奖的概率应为P_1=（1×4）/（5×10^6）=4/（5×10^6）。

再来看二等奖，根据表2–1的描述：6位数中有5个连续数字与开奖号码相同即可中二等奖。因此二等奖中奖号码有2种形式：

第一种中奖号码形式：1，2，3，4，5，y，$\boxed{x}$，其中$x\in\{0，1，2，3，4\}$，$y\neq 6$并且$y\in\{0，1，2，\cdots，9\}$；

第二种中奖号码形式：y，2，3，4，5，6，$\boxed{x}$，其中$x\in\{0，1，2，3，4\}$，$y\neq 1$并且$y\in\{0，1，2，\cdots，9\}$。

这个道理是显而易见的，如果y=6或者y=1，那么就包含了一等奖和特等奖的可能，因此在二等奖的号码组合中，上述两种情况下，要求$y\neq 6$并且$y\neq 1$。这样第一种形式的二等奖号码1，2，3，4，5，y，$\boxed{x}$共有9×5=45种填写方式；第二种形式的二等奖号码y，2，3，4，5，6，$\boxed{x}$也有9×5=45种填写方式，因此二等奖中奖号码共有90种。那么二等奖的中奖概率就是$P_2=90/(5\times 10^6)$。

再来看三等奖的情况，根据表2–1的描述：6位数中有4个连续数字与开奖号码相同即可中三等奖。同样我们分析一下中奖号码的几种形式。

第一种中奖号码形式：1，2，3，4，z，y，$\boxed{x}$；其中$z\neq 5$，z，$y\in\{0，1，2，\cdots，9\}$，$x\in\{0，1，2，3，4\}$；

第二种中奖号码形式：z，2，3，4，5，y，$\boxed{x}$；其中$z\neq 1$，$y\neq 6$，z，$y\in\{0，1，2，\cdots，9\}$，$x\in\{0，1，2，3，4\}$；

第三种中奖号码形式：y，z，3，4，5，6，$\boxed{x}$；其中$z\neq 2$，z，$y\in\{0，1，2，\cdots，9\}$，$x\in\{0，1，2，3，4\}$。

第一种形式的三等奖号码共有9×10×5=450种填写方式，第二种形式的三等奖号码共有9×9×5=405种填写方式，第三种形式的三等奖号码共有9×10×5=450种填写方式。因此三等奖中奖的彩票填写方式共有450+405+450=1 305种。那么三等奖的中奖概率为$P_3=1\,305/(5\times 10^6)$。

再来看四等奖的情况，根据表2–1的描述：6位数中有3个连续数字与开奖号码相同即可中四等奖。我们分析一下中奖号码的几种形式。

第一种中奖号码形式：1，2，3，w，z，y，$\boxed{x}$；其中$w\neq 4$，w，z，$y\in\{0，1，2，\cdots，9\}$，$x\in\{0，1，2，3，4\}$；

第二种中奖号码形式：w，2，3，4，z，y，$\boxed{x}$；其中$w \neq 1$，$z \neq 5$，w，z，$y \in \{0, 1, 2, \cdots, 9\}$，$x \in \{0, 1, 2, 3, 4\}$；

第三种中奖号码形式：w，z，3，4，5，y，$\boxed{x}$；其中$y \neq 6$，$z \neq 5$，w，z，$y \in \{0, 1, 2, \cdots, 9\}$，$x \in \{0, 1, 2, 3, 4\}$；

第四种中奖号码形式：w，z，y，4，5，6，$\boxed{x}$；其中$y \neq 3$，w，z，$y \in \{0, 1, 2, \cdots, 9\}$，$x \in \{0, 1, 2, 3, 4\}$；

第一种形式的四等奖号码共有$9 \times 10 \times 10 \times 5 = 4\ 500$种填写方式，第二种形式的四等奖号码共有$9 \times 9 \times 10 \times 5 = 4\ 050$种填写方式，第三种形式的四等奖号码共有$9 \times 9 \times 10 \times 5 = 4\ 050$种填写方式，第四种形式的四等奖号码共有$9 \times 10 \times 10 \times 5 = 4\ 500$种填写方式。因此四等奖中奖的彩票填写方式共有$4\ 500 + 4\ 050 + 4\ 050 + 4\ 500 = 17\ 100$种。那么四等奖的中奖概率为$P_3 = 17\ 100/(5 \times 10^6)$。

表2-2中总结了这种体育彩票五个奖项各自的中奖率。

表2-2　五个奖项分别的中奖率

中奖级别	中奖率
特等奖	$P_0 = \dfrac{1}{5\ 000\ 000} = 0.000\ 000\ 2$
一等奖	$P_1 = \dfrac{4}{5\ 000\ 000} = 0.000\ 000\ 8$
二等奖	$P_2 = \dfrac{90}{5\ 000\ 000} = 0.000\ 018$
三等奖	$P_3 = \dfrac{1\ 305}{5\ 000\ 000} = 0.000\ 261$
四等奖	$P_4 = \dfrac{17\ 100}{5\ 000\ 000} = 0.003\ 42$

可见奖项越低中奖概率越高，但是即便是最低的四等奖，中奖概率也只有千分之三左右，而特等奖的中奖概率更是低得无法想象。

彩票的种类很多，玩法也不尽相同，本题只是以一个例子来说明如何计算它的中奖概率。但是所有的彩票有一个共同的特点，就是中奖概率十分低。因此，彩票只是一种茶余饭后娱乐消遣的方式，期望通过买彩票而实现发财致富的梦想是不理智的，也是不现实的。所以我们在购买彩票时，都应当本着理性平和心态，把它仅仅当作一种娱乐和消遣，这样才能不失彩票本身的意义。

知识扩展

古典概率模型

概率依据计算方法的不同可分为古典概率、试验概率、主观概率等。其中古典概率是最为简单、最容易理解，也是人们最早开始研究的一种概率模型。

使用古典概率的模型有两个基本的前提：（1）所有的可能性是有限的；（2）每个基本结果发生的概率是相同的。在满足这两个条件的情况下，我们就可以用古典概率模型求解某一随机事件的概率。如果用更加抽象的数学语言来描述，可以这样定义古典概率模型。

假设一个随机事件共有n种可能的结果（n是有限的），并且这些结果发生的可能性都是均等的，而某一事件A包含其中s个结果，那么事件A发生的概率$P(A)$的关系公式为：

$$P(A)=\frac{s}{n}$$

这就是古典概率的定义。

最简单的例子就是掷骰子的游戏。一个骰子共有6个面，每个面上刻有1～6个不等的点。如果我们随手掷出骰子，那么哪个面朝上完全是一个随机事件。因为掷骰子的点数最多有6种可能的结果（即可能性是有限的，包括1点，2点，…，6点），并且每种结果发生的概率也是相同的（这里认为骰子的密度应当是均匀的），所以，计算掷骰子的概率可以应用古典概率模型。请看下面两个问题。

- 问题一：请计算掷出骰子点数为1的概率是多少？

因为掷骰子这个事件共有6种可能的结果，而事件“掷出骰子点数为1”包含的结果只有1种，因此事件“掷出骰子点数为1”发生的概率P（掷出骰子点数为1）=1/6。

- 问题二：请计算掷出骰子点数不大于3的概率是多少？

因为掷骰子这个事件共有6种可能的结果，而事件“掷出骰子点数不大于3”包含了其中3种结果（即出现1点、2点或3点），因此事件“掷出骰子点数不大于3”发生的概率P（掷出骰子点数不大于3）=3/6=1/2。

回到上面的彩票中奖的问题，这也是一个典型的古典概率问题。以计算“中一等奖”的概率为例，我们首先需要知道填写彩票本身共有多少种可能的结果。根据题目的已知条件，彩民需要填写6位数字和1个特别号码，对于前6位的数字，每一位都可以有10种填写方式（0，1，2，…，9），因此组合起来共有10^6种填写方式。同时特别号码共有5种填写方式（0，1，2，3，4）。这样将前6位数字与特别号码组合起来总共就有5×10^6种填写方式，也就是说随机填写彩票，共有5×10^6种可能的结果。然而“中一等奖”这个事件只包含了其中4种结果（即前6位数字必须是1，2，3，4，5，6，而特别号码可以是1，2，3或4，这样共有4种组合），因此中一等奖的概率就是$4/(5\times10^6)$。

2.2 巧合的生日

我们在日常生活中会发现一种有趣的现象——我们跟周边的某个人（同学、朋友、亲戚等）是同一天生日。遇到这种事情时，我们可能会为之感到惊叹：天下竟然还会有这样巧合的事情啊！真的这样不可思议吗？在我们周遭遇到这样生日相同的朋友几率究竟有多大呢？我们来看一下下面这道有趣的题目。

小明放学回家兴奋地跟妈妈说：“妈妈，妈妈，我们班大龙和小刚竟然是同一天生日，您说巧不巧？”妈妈听了之后略加思考，便笑着对小明说：“不巧啊，你们班差不多40个人呢，如果没有人生日是同一天那才叫巧了呢。”小明听了妈妈的话后大惑不解，心想一年365天，我们班才40个人啊，怎么会是这样呢，便缠着妈妈要问个究竟，于是妈妈便道出了其中的奥秘。你知道妈妈是怎样跟小明解释的吗？

分析

我们先假设班里只有两个人A和B，那么他们生日在同一天的概率很容易计算。因为无论A是哪天出生，B只能跟他同一天，也就是365天中只有1天可以选择，因此如果一个班只有两个人，那么他们生日同一天的概率为1/365=0.002 740。

如果班里有三个人A、B、C，情况就要复杂一些了，可以分为A、B同天，A、C同天，B、C同天，A、B、C都同天。这里A、B同天隐含了信息C与A、B不同天。由于前三种情况雷同，我们只看A、B同天一种。无论A哪天出生，B在365天中只有1天可以选择，C跟A、B不同天，那么C有364天可以选择，因此A、B同天的概率为（1/365）×（364/365）=0.002 732。同理B、C同天和A、C同天的概率也分别是0.002 732。而A、B、C同天的概率为（1/365）×（1/365）=0.000 008。我们把所有的概率加起来就是三个人至少有两个人同一天生日的概率：0.008 204。这个概率似乎还是很小，不到1%，但是已经是两个人情况的3倍了，因此我们似乎察觉到什么，至少可以预测到一个趋势。

沿着这条思路再往下看，如果有四个人A、B、C、D，那么就可以分为

A、B同天，A、C同天，A、D同天，B、C同天，B、D同天，C、D同天，A、B、C同天，A、B、D同天，A、C、D同天，B、C、D同天，A、B、C、D同天。情况多了很多。试想如果按照这种方法计算到40个人，那将是一件相当复杂的事情。其实我们可以换个思路解决这个问题。如图2-1所示，整个图表示所有的可能，即概率1，其中外层的圆圈（不含内层圆圈）表示至少有两个人生日同天的可能，那么内层的圆圈就表示所有人生日都不是同一天的可能。既然外层圆圈部分很难求，我们就要通过逆向思维，求内层圆圈的部分，然后用整体减去内层圆圈部分就得到我们想要的外层圆圈部分。

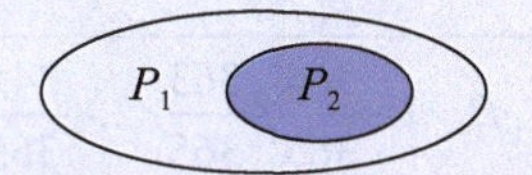

图2-1 生日巧合的图形示意

如图2-1所示，我们将至少两个人同一天生日的概率称为P_1，将所有人生日都不同天的概率称为P_2，可知$P_1+P_2=1$，因此$P_1=1-P_2$。这样我们就成功地将求P_1的问题转换成求P_2的问题。

为了简单起见，我们还是先以一个班两个人为例引入。现在我们先求A、B生日不是同一天的概率，然后再求A、B生日同天的概率。无论A哪天出生，B只要不和A同天即可，那么365天中B就有364天可以选择，因此A、B不同天的概率为364/365=0.997 260。A、B同天概率为1-0.997 260=0.002 740。

那么一个班如果三个人呢，在我们换成求A、B、C三个人生日都不同天的概率后，与两个人的情况相比，也并没有复杂到哪里。无论A哪天出生，B都有364天可以选择，C要保证跟A、B都不同天，所以C在365天中有363天可以选择，也就是A的生日和B的生日这两天都不能选择，因此A、B、C三个人不同一天出生的概率为（364/365）×（363/365）=0.991 796。A、B、C至少有两人同天的概率为1-0.991 796=0.008 204。

如果班里人数更多，算法都是一样的，一点也不复杂。计算所有人生日不同天概率的时候，第一个人总是可以选择任意一天，第二个人可以选择365-1=364天，第三个人可以选择365-2=363天，第四个人可以选择365-3=362天，第十个人可以选择365-9=356天，第N个人可以选择365-N+1天。

根据上述概率计算公式，我们很容易得出表2–3的结论：

表2–3 至少两人同天生日的概率

人数	至少两人生日同天概率
2	$P=1-\frac{364}{365}=0.002\ 740$
3	$P=1-\frac{364}{365}\times\frac{363}{365}=0.008\ 204$
10	$P=1-\underbrace{\frac{364}{365}\times\frac{363}{365}\times\ldots\times\frac{357}{365}\times\frac{356}{365}}_{9个}=0.116\ 948$
23	$P=1-\underbrace{\frac{364}{365}\times\frac{363}{365}\times\ldots\times\frac{344}{365}\times\frac{343}{365}}_{22个}=0.507\ 297$
40	$P=1-\underbrace{\frac{364}{365}\times\frac{363}{365}\times\ldots\times\frac{327}{365}\times\frac{326}{365}}_{39个}=0.891\ 232$

根据计算结果可以看出，当一个班人数只有10人的时候，出现重复生日的概率刚刚超过10%，当一个班的人数达到23人的时候，出现重复生日的概率就已经过半了，如果一个班的人数达到40人，出现重复生日的概率就接近90%了。

这么一看，有两人生日同一天真的一点也不稀奇！

2.3 单眼皮的基因密码

单眼皮的小明看起来非常精神，也特别讨人喜欢，可他却怎么也高兴不起来，因为小明喜欢双眼皮，特别羡慕双眼皮的小朋友。让小明更加疑惑不解的是，爸爸妈妈都是双眼皮，为什么唯独自己是单眼皮呢？夜深人静的时候，躺在床上辗转反侧的小明甚至怀疑自己是不是爸爸妈妈从孤儿院里抱来的。妈妈知道后，从遗传学的概率角度给小明分析了单眼皮的原因，解开了小明的心结。你知道妈妈是怎样跟小明解释的吗？

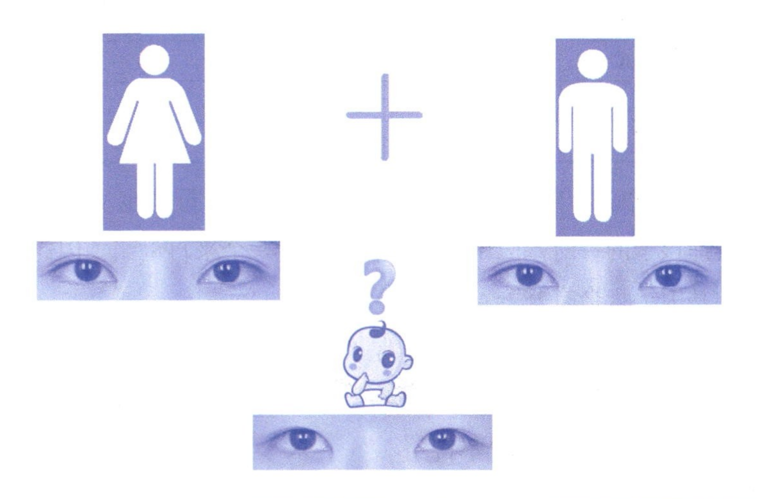

分析

首先简单了解一下遗传学的基本知识。我们身体上的许多特征都是从父母身上遗传过来的，比如单眼皮还是双眼皮，卷舌还是平舌，翘拇指还是直拇指等。这些特征都是由基因决定的，而这些具有遗传特征的基因都是成对存在的。如果我们用单个字母表示一个基因，那么成对的基因就可以表示成XY的形式。这里面最重要的一句话就是，遗传基因成对存在，X和Y共同决定人体的某一个特征。

还有一个要点是显性基因和隐性基因，为了更好地理解这个概念，我们来看一个例子。

如果双眼皮是隐性基因的话，意味着父亲的基因是aa，母亲的基因是aa，那么无论怎么组合，小明的基因必然是aa，也就是说小明是双眼皮的概率为100%。那样小明岂不是真的是从孤儿院领养的了？事实并非如此。由于小明是单眼皮，因此可以推断双眼皮是显性基因。已知父母都是双眼皮，那么各种组合如表2-4所示。

表2-4　双眼皮遗传基因

父亲	母亲	组合1	组合2	组合3	组合4
AA	AA	AA	AA	AA	AA
AA	Aa	AA	Aa	AA	Aa
Aa	Aa	AA	Aa	Aa	aa

在遗传中，父亲从自己的一对基因中提供一个，母亲也从自己的基因中提供一个，即孩子的一对基因中一个来自父亲，一个来自母亲。因此父母结合生育后代的基因组合会有2×2=4种可能。

如果父亲基因是AA，母亲基因也是AA，从表2-5所示可知小明的基因组合只能是AA，即小明基因是AA的概率就是100%，因此小明是双眼皮的概率为100%，这种假设与实际情况不符。

如果父亲基因是AA，母亲基因是Aa，那么小明基因是AA的概率为50%，基因是Aa的概率也为50%，因此小明是双眼皮的概率仍为100%，这种假设也与实际情况不符。

如果父亲基因是Aa，母亲基因也是Aa，那么小明基因是AA的概率为25%，基因是Aa的概率为50%，基因是aa的概率为25%，因此小明是双眼皮的概率为75%，单眼皮的概率为25%。也就是说，只有在父母的基因都是Aa的情况下，才有可能出现单眼皮的子女。既然小明是单眼皮，那么父母的基因一定都是Aa。

这样看来小明大可不必担心自己的身世，因为即使他的父母都是双眼皮，小明本人仍然有25%的概率是单眼皮。

基因研究的一个重大成果就是解释了许多遗传病的原理。对于隐性基因的遗传疾病，如果父亲为该遗传病患者，其基因一定是aa（我们仍用A表示显性基因，a表示隐性基因），而母亲正常，其基因就可能是Aa或者AA。这样可能的组合如表2-5所示。

表2-5　隐性遗传基因

父亲	母亲	组合1	组合2	组合3	组合4
aa	AA	Aa	Aa	Aa	Aa
aa	Aa	Aa	aa	Aa	aa

如果母亲基因是AA，那么子女的基因必然为Aa，也就是说子女的患病概率为0%，但是100%是遗传病基因携带者，这意味着儿女如果今后结婚生子，孙子女就有隔代患病的可能，当然这也取决于儿女配偶是否携带该遗传病基因。如果母亲基因是Aa，那么子女基因是Aa的概率为50%，基因是aa的概率为50%，因此子女的患病机率为50%，而且100%是遗传病基因携带者。

表2-6　显性遗传基因及患病概率

父亲	母亲	组合1	组合2	组合3	组合4	患病概率%
AA	AA	AA	AA	AA	AA	100
AA	Aa	AA	Aa	AA	Aa	100
AA	aa	Aa	Aa	Aa	Aa	100
Aa	Aa	AA	Aa	Aa	aa	75
Aa	aa	Aa	aa	Aa	aa	50
aa	aa	aa	aa	aa	aa	0

表2-6给出了显性基因遗传疾病的所有基因组合可能以及对应的患病概率，读者如果有兴趣，可以自己计算一下隐性基因遗传疾病对应的患病概率。

知识扩展　色盲的遗传图谱

色盲是一种先天性的色觉障碍，人们已经对这个疾病有了深入的研究。一般认为红绿色盲属于X伴性隐性遗传，这是怎么一回事呢？我们在这里简单地介绍一下。

人体中只有一对性染色体，它决定了人的性别。男人的性染色体为XY，女人的性染色体为XX。因此一对夫妇生下的小孩是男孩或是女孩的概率都是1/2，如图2-2所示。

如图2-2所示，父亲的性染色体一定是XY，母亲的染色体一定是XX，这样他们生下孩子的性染色体来源及性别就可能有以下几种可能：

（1）父亲的X染色体+母亲的第一个X染色体＝XX，女孩；

（2）父亲的X染色体+母亲的第二个X染色体＝XX，女孩；

（3）父亲的Y染色体+母亲的第一个X染色体＝XY，男孩；

（4）父亲的Y染色体+母亲的第二个X染色体＝XY，男孩；

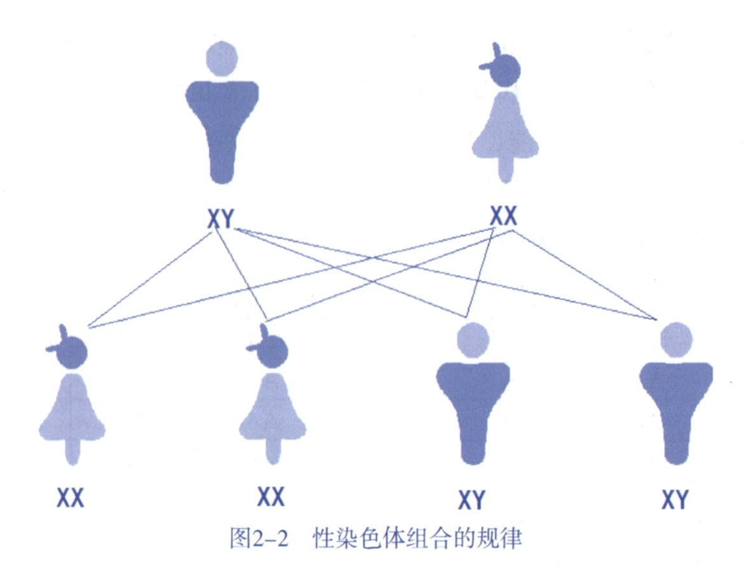

图2-2　性染色体组合的规律

男孩的Y染色体来自父亲，X染色体来自母亲；女孩的一个X染色体来自父亲，一个X染色体来自母亲。因此一对夫妇生下的小孩，男孩和女孩的概率都是1/2，也正因为此，人类的男女比例应保持在1∶1左右才算正常。

每个性染色体上都有遗传物质DNA（基因）。由位于X染色体上的隐性致病基因引起的遗传病称做X伴性隐性遗传病，常见的X伴性隐性遗传病有血友病、色盲、家族性遗传性视神经萎缩等。

色盲就是一种典型的X伴性隐性遗传病。我们用b表示色盲的致病基因，B表示色盲的非致病基因。b或者B都需要附着在X染色体上，我们用X^b表示附着了色盲致病基因b的X染色体，用X^B表示附着了色盲非致病基因B的X染色体。色盲基因属于隐性基因，对于男性而言，因为仅有一条X染色体，所以如果他的性染色体为X^bY，那么他一定就是色盲患者，如果他的性染色体为X^BY，那么他就不是色盲患者；对于女性而言，因为有两条X染色体，因此需有一对致病的等位基因才会表现异常，即只有她的性染色体为X^bX^b才表现为色盲，其他的情况下（X^BX^b，X^BX^B，X^bX^B）都表现正常。

了解以上的知识我们就可以弄清色盲的遗传规律。

一对夫妇，如果丈夫和妻子都正常，那么他们的孩子是色盲的概率是多少呢?

因为丈夫正常，所以丈夫的性染色体为X^BY。虽然妻子表现正常，但因为色盲基因是隐性基因，所以妻子的性染色体可以是X^BX^b，或者X^BX^B。所以孩子的色盲几率需要分类讨论。

（1）妻子的性染色体为X^BX^B。

这种情况下孩子是不会遗传色盲的，因为父母的染色体中都不具有色盲的致病基因。

（2）妻子的性染色体为X^BX^b。

这种情况下孩子患色盲的几率如图2-3所示。

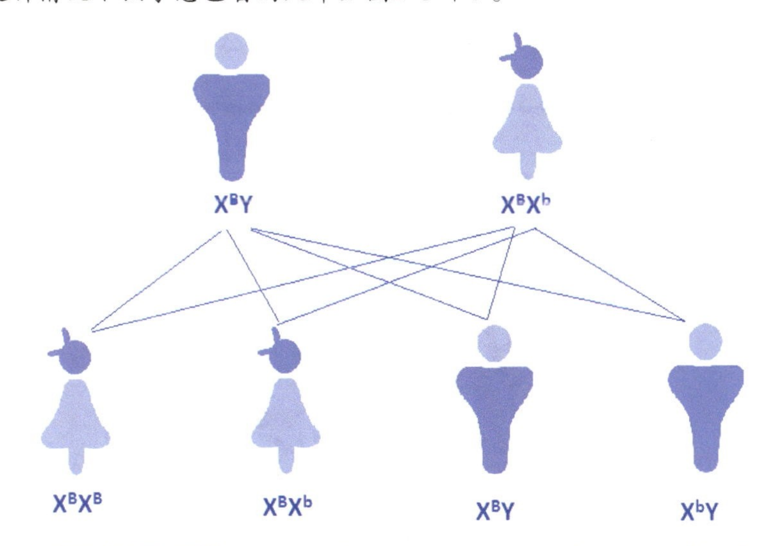

图2-3 孩子患色盲的几率图谱

如图2-3所示，如果妻子的性染色体为X^BX^b，那么他们的女儿是不会患色盲的，但是会有1/2的可能会携带致病基因而遗传给后代。相比之下，他们的儿子有1/2的可能患有色盲，另有1/2的可能是正常的，且不携带色盲的致病基因。

一对夫妇，如果丈夫和妻子都是色盲，那么他们的孩子是色盲的概率是多少呢？答案是他们的孩子（无论男孩还是女孩）都会是色盲患者。

如果一对夫妇，丈夫是色盲患者，妻子正常，他们的孩子是色盲的概率是多少呢？如果一对夫妇，丈夫正常，妻子是色盲患者，他们的孩子是色盲的概率又是多少呢？有兴趣的读者可以自己算一下。

2.4 街头的骗局

记得小时候在街边巷尾经常有一伙人以免费大抽奖为噱头吸引大家参与，参与者一般都会被花言巧语所欺骗，以为自己能捡个大便宜，殊不知里面暗藏了机关。我们下面就来看看这种抽奖游戏是怎么骗人的。

一种比较常见的抽奖游戏是摸棋子。游戏规则是在一个单面敞口的盒子里有十二个象棋子，六个红色的兵和六个黑色的卒，游戏的参与者从盒子里面随机摸出六个棋子，奖项如表2-7所示：

表2-7 中奖规则

中奖级别	中奖方式	奖项
特等奖	六个红兵或者 六个黑卒	免费获得五十元

续表

中奖级别	中奖方式	奖项
一等奖	五个红兵一个黑卒或者 一个红兵五个黑卒	免费获得十元
二等奖	四个红兵两个黑卒或者的 两个红兵四个黑卒	免费再来一次
三等奖	三个红兵三个黑卒	仅需十元换购价值三十元的进口 沐浴套装

乍一听这个游戏非常划算，在所有的摸奖结果里面只有一种结果需要花钱买东西，听起来好像稳赚不赔，可实际情况却大相径庭，大多数的游戏参与者最后都乖乖地掏钱买了所谓的进口沐浴套装，这个所谓的进口商品只是一个包装上全是英文的三无产品，价值不会超过两块钱。其实这个貌似出人意料的结果并不奇怪，我们从概率的角度可以轻而易举地揭穿这个骗局。

分析

既然已经给这个游戏下了骗局的定论，读者想必也不难猜出骗子是如何行骗的。看起来只有一种情况需要花钱买东西，实际上由于每种情况的概率不同，因此不能简单以种类的多少来衡量中奖的比例。我们在图2-4中用黑白两色表示黑卒和红兵，下面就计算一下每种结果的概率具体是多少。

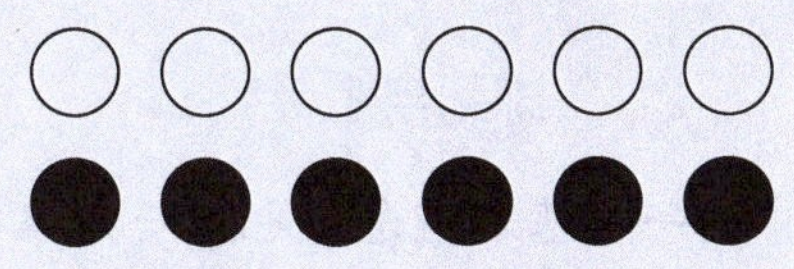

图2-4 红兵和黑卒

首先看一下一共有多少种抽取结果。游戏规则是从十二个棋子中随机抽取六个，这符合排列组合中组合的概念，因此抽取可能有：

$$C_{12}^{6}=\frac{12\times11\times10\times9\times8\times7}{6!}=924$$

我们再看一下抽取五个红兵和一个黑卒有多少种可能，这其实等价于抽取一个红兵和五个黑卒的可能。抽取方法相当于从六个红兵中抽取五个红兵，然后再从六个黑卒中抽取一个黑卒，因此抽取可能有：

$$C_6^5 \times C_6^1 = \frac{6\times5\times4\times3\times2}{5!}\times\frac{6}{1!}=36$$

通过上面得到的结果我们可以算出一等奖的中奖概率为7.792 2%。根据同样的计算方法我们可以得到表2-8所示各个奖项的中奖概率：

表2-8　五个奖项分别的中奖率

中奖级别	中奖率
特等奖	$P_0 = 2\times\frac{C_6^6}{C_{12}^6} = \frac{2}{924} = 0.216\ 5\%$
一等奖	$P_1 = 2\times\frac{C_6^5\times C_6^1}{C_{12}^6} = \frac{72}{924} = 7.792\ 2\%$
二等奖	$P_2 = 2\times\frac{C_6^4\times C_6^2}{C_{12}^6} = \frac{450}{924} = 48.701\ 3\%$
三等奖	$P_3 = \frac{C_6^3\times C_6^3}{C_{12}^6} = \frac{400}{924} =43.290\ 0\%$

通过计算各个奖项的获奖概率不难看出，超过九成的参与者会落到二等奖和三等奖的区间，只有一小部分会落入最终免费得到奖金的特等奖和一等奖区间。如果一百个人参与游戏的话，骗子会赚（−50）×0.216 4+（−10）×7.792 2+0×48.701 3+8×43.290 0=257.578元。所以说天下没有免费的午餐，这种看起来稳赚不赔的游戏背后竟然也隐藏着一个陷阱，所以小便宜还是不要贪图为好。

知识扩展

排列与组合

排列组合是数学中的一个基本概念，也是研究概率统计的基础。排列与组合二者既有联系又有区别。所谓排列就是指从给定个数的元素中取出指定个数的元素进行排序，而组合指的是从给定个数的元素中仅仅取出指定个数的元素，而不考虑排序问题。我们可以通过下面这两个例子来理解排列与组合的概念。

- 问题一：从编号为1～5的5个球中任意摸取3个球，共有多少种可能的结果？

这就是一个典型的组合问题。因为题目中要求计算摸到3个球有多少种可能的结果，而每一个结果只是一组编号的组合，与这组编号的排列无关。例如摸到的三个球编号分别是1，3，5，那么这个组合就是一种结果，它完全等价于组合（1，5，3），（3，1，5），（3，5，1），（5，1，3），（5，3，1）。也就是说，这里我们考虑的重点是摸到的3个球都包含了哪些编号，而并不考虑这些编号的球是怎样排列的。

计算组合数的方法很简单，可以套用下面的公式：

$$C_m^n=\frac{m\times(m-1)\times\cdots\times(m-n+1)}{n!}$$

其中C_m^n表示从m个数中任取n个数可能的组合数。很显然，当$m=n$时，上述公式变为：

$$C_m^m=\frac{m\times(m-1)\times\cdots\times1}{m!}=\frac{m!}{m!}=1$$

这里要计算从编号为1～5的5个球中任取3个球可能的组合数，应用上面的公式便可以很容易地计算出这个组合数为

$$C_5^3=\frac{5\times4\times3}{3!}=10$$

对应的每种组合结果如表2-9所示。

表2-9　从编号为1～5的5个球中任取3个球可能的组合

结果编号	球的编号组合
第1组结果	1，2，3
第2组结果	1，2，4
第3组结果	1，2，5
第4组结果	1，3，4
第5组结果	1，3，5
第6组结果	1，4，5
第7组结果	2，3，4
第8组结果	2，3，5
第9组结果	2，4，5
第10组结果	3，4，5

- 问题二：奖箱中共有5个球，编号为1～5，开奖嘉宾从奖箱中随机摸取3个球，并组成一个3位数号码，请问有多少种中奖号码？

与问题一不同，这是一个典型的排列问题。从问题一的答案中我们知道从5个球中摸取3个球，可能有10种不同的结果。但是这里还要将摸到的3个球的编号组成一个3位数的号码作为中奖号码，因此我们还要考虑这3个球编号的排列问题。例如开奖嘉宾摸到的三个球的编号分别是1，3，5，那么将这3个编号组成一个3位数就可能有：135，153，315，351，513，531这6种排列方式，因此，这里不但要考虑摸到的3个球编号是什么，还要考虑这3个编号如何排列组成一个3位数。

计算排列数的方法也可以套用下面这个公式：

$$P_m^n = m\times(m-1)\times\cdots\times(m-n+1)$$

其中P_m^n表示从m个数中任取n个数并进行排列所得到的全部结果的个数。很显然，当m=n时，上述公式变为：

$$P_m^m = m\times(m-1)\times\cdots\times1 = m!$$

这样的排列也称为m的全排列。

问题二的描述是从编号为1～5的5个球中任取3个球，并将其编号进行排列组成一个3位数号码，要计算3位数的号码共有多少个。其实就是计算P_5^3是多少。根据上述公式可得

$$P_5^3=5\times4\times3=60$$

也就是说共有60种中奖号码。

2.5 先抽还是后抽

班主任老师想在班里选一名学生代表整个班级参加升旗仪式，同学们报名非常踊跃，大家都想争得这份荣誉。最后僵持不下，有八名同学符合申请资格，为了公平起见，班主任老师通过抽签决定最终的结果。八位同学争先恐后地想第一个抽签，没有人愿意排在最后，因为大家都觉得先抽的话更加有利，抽中的概率更大，事实真的是这样吗？抽签的先后顺序会不会影响抽签结果呢？

分析

我们人为地给每位同学定一个抽签顺序，从第一位抽签的同学开始，计算每一位同学抽中的概率是多少。

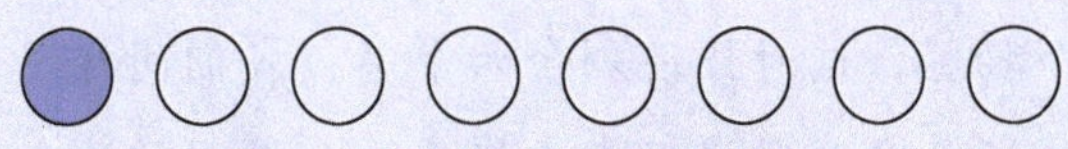

图2-5　同学甲抽签的初始状态

同学甲第一个抽签，这时候处于图2-5所示的状态——八个签都还没有被抽取，其中有一个签代表被抽中（实心的圆圈），可以参加升旗仪式，其余七个签代表未抽中（空心的圆圈），不能参加升旗仪式。同学甲从八个签里面选择一个签，只有一种可能中签，因此中签的概率是1/8=0.125，而未中签的概率是7/8=0.875。

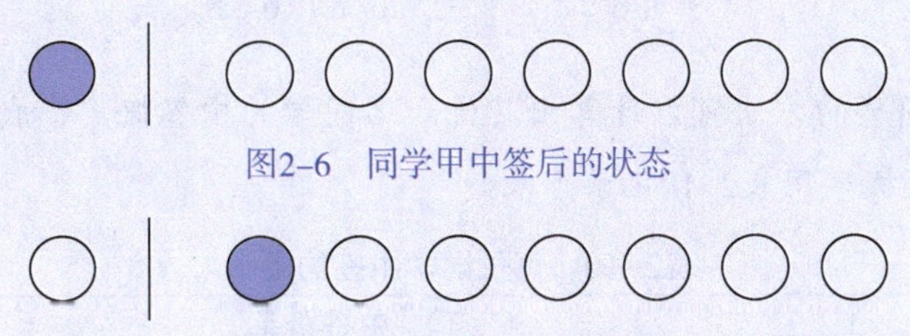

图2-6　同学甲中签后的状态

图2-7　同学甲未中签的状态

同学乙第二个抽签，这时候还剩余七个签，我们分两种情况考虑概率。如果同学甲已经抽中，状态如图2-6所示，那么剩余的七个签无论同学乙如何选择，都不可能抽中；如果同学甲没有抽中，状态如图2-7所示，那么剩余的七个签里面有一个代表中签，同学乙需要在剩余七个签中抽取一个。我们把两种情况的概率相加就是同学乙中签的概率。

$$P=P_1+P_2=\frac{1}{8}\times 0+\left(1-\frac{1}{8}\right)\times\frac{1}{7}=\frac{1}{8}=0.125$$

通过上述的概率计算我们发现，同学甲和同学乙的中签概率是相同的，也就是第一个抽签和第二个抽签的中签概率相同，这个难道是巧合吗？为了证明这一点，我们再计算一下同学丙的中签概率。

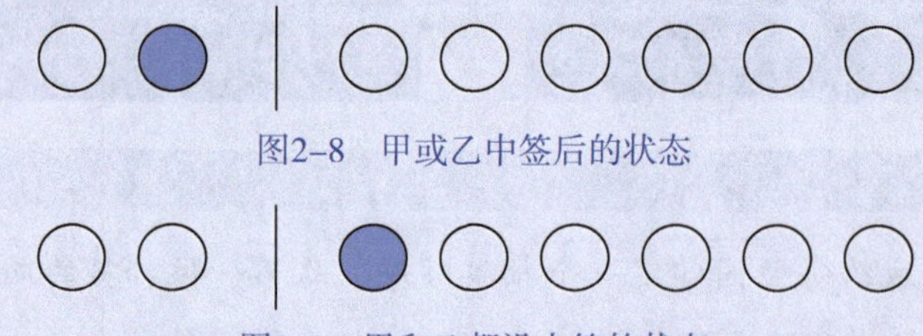

图2-8　甲或乙中签后的状态

图2-9　甲和乙都没中签的状态

同学丙第三个抽签，这时候还剩余六个签，我们同样用计算同学乙的方法来计算同学丙，还是分两种情况考虑概率。如果同学甲或者同学乙已经抽中，状态如图2-8所示，那么剩余的六个签无论同学丙如何选择，都不可能抽中；如果同学甲和同学乙都没有抽中，状态如图2-9所示，那么剩余的六个签里面有一个代表中签，同学丙需要在剩余六个签中抽取一个。我们把两种情况的概率相加就是同学丙中签的概率。

$$P=P_1+P_2=\left(\frac{1}{8}+\frac{1}{8}\right)\times 0+\left(1-\frac{1}{8}-\frac{1}{8}\right)\times\frac{1}{6}=\frac{1}{8}=0.125$$

我们用同样的方法可以计算出其他六名同学的中签概率，我们将全部八位同学的中签概率用表2-10记录下来。

表2-10　每位同学中签的概率

	中签概率
同学甲	$P=\frac{1}{8}=0.125$
同学乙	$P=P_1+P_2=\frac{1}{8}\times 0+\left(1-\frac{1}{8}\right)\times\frac{1}{7}=\frac{1}{8}=0.125$

续表

	中签概率
同学丙	$P=P_1+P_2=\frac{2}{8}\times 0+\left(1-\frac{2}{8}\right)\times\frac{1}{6}=\frac{1}{8}=0.125$
同学丁	$P=P_1+P_2=\frac{3}{8}\times 0+\left(1-\frac{3}{8}\right)\times\frac{1}{5}=\frac{1}{8}=0.125$
同学戊	$P=P_1+P_2=\frac{4}{8}\times 0+\left(1-\frac{4}{8}\right)\times\frac{1}{4}=\frac{1}{8}=0.125$
同学己	$P=P_1+P_2=\frac{5}{8}\times 0+\left(1-\frac{5}{8}\right)\times\frac{1}{3}=\frac{1}{8}=0.125$
同学庚	$P=P_1+P_2=\frac{6}{8}\times 0+\left(1-\frac{6}{8}\right)\times\frac{1}{2}=\frac{1}{8}=0.125$
同学辛	$P=P_1+P_2=\frac{7}{8}\times 0+\left(1-\frac{7}{8}\right)\times 1=\frac{1}{8}=0.125$

通过观察表2-10的结果不难发现，每个学生无论排在第几个抽签，中签概率是相同的。之所以人们在很多情况下愿意先抽，多半是因为一种心理作用。人们担心一旦前面的人抽中的话，自己就没有机会了，如果先抽，命运肯定会掌握在自己手中。但是被忽略的一点是，如果前面的人没有抽中，那么后面的人抽中的几率就会增加，综合两种情况，可以得出中签概率不受抽签先后顺序影响的结论。

知识扩展

条件概率与全概率

条件概率是指假设有两个事件A和B，在事件B已经发生的情况下事件A发生的概率，也称为B条件下A的概率。条件概率用公式表示如下：

$$P(\mathrm{A}|\mathrm{B})=\frac{P(\mathrm{AB})}{P(\mathrm{B})}$$

在条件概率公式里，P（A|B）表示条件概率，也就是事件B发生的情况下事件A发生的概率，P（AB）表示事件A和事件B同时发生的概率，P（B）表示事件B发生的概率。公式看起来似乎有些抽象，我们通过一个具体的例子来说明条件概率公式是如何运用的。

假设有三个骰子，已知在掷出的结果中三个骰子的点数都不同，那么三个骰子中含有六点的概率是多少？

在运用条件概率公式时首先要确定事件A和事件B，对于掷骰子的问题来说，事件A是“三个骰子中含有六点”，事件B是“三个骰子中点数各不相同”。

明确了两个事件之后，首先要求解事件B发生的概率，也就是三个骰子点数各不相同的概率。这个问题相对比较简单，我们只需要知道所有点数组合的种类以及其中三个骰子点数各不相同的组合种类就能计算出事件B的概率。由于每个骰子有六种可能的点数，因此，三个骰子所有的点数组合有6×6×6种；要保证三个骰子点数各不相同，第一个骰子有六种可选的点数，第二个骰子不能与第一个骰子点数相同，因此有五种可选的点数，而第三个骰子与前两个点数都不能相同，因此有四种可选的点数。综上所述，三个骰子点数各不相同的组合有6×5×4种，由此我们可以得到事件B发生的概率：

$$P(\mathrm{B})=\frac{6\times5\times4}{6\times6\times6}=\frac{5}{9}$$

接下来就要求解事件A和事件B同时发生的概率，也就是三个骰子点数各不相同并且其中有一个六点的概率。同理，我们也需要通过知道所有点数组合的种类，以及其中三个点数各不相同并且包含六点的组合种类，进而计算出事件A和事件B同时发生的概率。我们已知其中有一个骰子的点数为六点，这个骰子可以是三个骰子中的任意一个，第二个骰子为了保证点数各不相同因此只有五种点数选择，第三个骰子只有四种点数选择。综上所述，三个骰子点数各不相同并且其中有一个六点的组合有3×5×4种，由此我们可以得到事件A和事件B同时发生的概率：

$$P(\mathrm{AB})=\frac{3\times5\times4}{6\times6\times6}=\frac{5}{18}$$

最后我们再通过条件概率公式就可以得到如果三个骰子的点数都不同，那么，其中含有六点的概率：

$$P(\mathrm{A}|\mathrm{B})=\frac{P(\mathrm{AB})}{P(\mathrm{B})}=\frac{1}{2}$$

全概率是将一个复杂的概率问题转化为不同条件下发生的一系列简单概率的求和问题，全概率公式如下：

$$P(A)=P(A|B_1)\times P(B_1)+P(A|B_2)\times P(B_2)+\cdots+P(A|B_n)\times P(B_n)$$

在全概率公式中，B_1、$B_2\cdots B_n$构成了一个完备的事件组，他们两两之间没有交集，并且合并起来成为全集。由于公式是抽象的，不便于理解，我们还是通过一个例子来说明全概率公式如何应用。

假设有三架轰炸机分别携带一枚导弹对敌军堡垒就行轰炸，三架轰炸机命中敌军堡垒的概率分别为0.4，0.5和0.7，如果命中，堡垒被击中一、二、三次后被摧毁的概率分别为0.2，0.6和0.8，那么，在三架轰炸机一轮轰炸结束之后，敌军堡垒被摧毁的概率是多少？

在全概率公式中，我们首先也要确定事件。事件A为堡垒被摧毁，事件B_n为一共n架轰炸机命中堡垒。根据全概率公式我们可以得到：

$$P(A)=P(A|B_1)\times P(B_1)+P(A|B_2)\times P(B_2)+P(A|B_3)\times P(B_3)$$

其中$P(A|B_1)\times P(B_1)$表示只有一台轰炸机命中堡垒并且将堡垒摧毁的概率；$P(A|B_2)\times P(B_2)$表示其中两台轰炸机命中堡垒并且将堡垒摧毁的概率；$P(A|B_3)\times P(B_3)$表示三台轰炸机全部命中堡垒并且将堡垒摧毁的概率。我们将这三个概率相加就得到三架轰炸机经过一轮轰炸后，堡垒被摧毁的概率。

首先分析一下只有一架轰炸机命中堡垒的概率。只有一架轰炸机击中堡垒有三种情况，第一架轰炸机击中而第二架、第三架没有击中，其概率为$0.4\times0.5\times0.3$；或者第二架轰炸机击中而第一架、第三架没有击中，其概率为$0.6\times0.5\times0.3$；或者第三架轰炸机击中而第一架、第二架没有击中，其概率为$0.6\times0.5\times0.7$。综上所述，三架轰炸机只有一架轰炸机命中堡垒的概率为$0.4\times0.5\times0.3+0.6\times0.5\times0.3+0.6\times0.5\times0.7=0.36$。

我们再分析一下有两架轰炸机命中堡垒的概率。两架轰炸机命中堡垒仍然有三种情况，第一架、第二架轰炸机击中第三架没有击中，其概率为$0.4\times0.5\times0.3$；或者第一架、第三架轰炸机击中而第二架没有击中，其概率为$0.4\times0.5\times0.7$；或者第二架、第三架轰炸机击中而第一架没有击中，其概率为0.6×0.5×0.7。综上所述，三架轰炸机有两架轰炸机命中堡垒的概率为0.4×0.5×0.3+0.4×0.5×0.7+0.6×0.5×0.7=0.41。

三架轰炸机全部命中堡垒的概率为0.4×0.5×0.7=0.14。

最后我们再通过运用全概率公式就可以得到三架轰炸机经过一轮轰炸后，敌军堡垒被摧毁的概率：

$$P(\mathrm{A})=0.2\times0.36+0.6\times0.41+0.8\times0.14=0.43$$

其实，我们在计算“先抽还是后抽”这个问题时，应用的就是全概率公式。以计算乙同学中签的概率为例，设$\mathrm{A}_{甲}$表示“甲同学中签”这个事件，$\mathrm{A}_{乙}$表示“乙同学中签”这个事件，因为乙同学是第二个抽签者，所以在乙同学抽签时只存在两种可能的情形——甲同学已中签和甲同学未中签，这里事件$\mathrm{A}_{甲}$和事件$\neg\mathrm{A}_{甲}$（表示甲同学未中签，读作A事件的“非”）构成了一个完备组，即P（$\mathrm{A}_{甲}$）+（$\neg\mathrm{A}_{甲}$）=1。因此，这里可以使用全概率公式求解乙同学中签的概率：

$$P(\mathrm{A}_{乙})=P(\mathrm{A}_{乙}|\mathrm{A}_{甲})P(\mathrm{A}_{甲})+P(\mathrm{A}_{乙}|\neg\mathrm{A}_{甲})P(\neg\mathrm{A}_{甲})$$

因为

$P(\mathrm{A}_{甲})=\dfrac{1}{8}$，$P(\mathrm{A}_{乙}|\mathrm{A}_{甲})=0$，$P(\neg\mathrm{A}_{甲})=\dfrac{7}{8}$，$P(\mathrm{A}_{乙}|\neg\mathrm{A}_{甲})=\dfrac{1}{7}$，

所以

$$=P(\mathrm{A}_{乙})=\frac{1}{8}\times0+\left(1-\frac{1}{8}\right)\times\frac{1}{7}=\frac{1}{8}=0.125。$$

2.6 几局几胜

校园里举办乒乓球比赛，对于比赛规则问题大家争论不休，争论的焦点是应该选择三局两胜还是五局三胜。赞成前者的表示三局两胜可以保证比赛快速进行，不会拖得很长；赞成后者的认为五局三胜可以让比赛更加跌宕起伏，保证比赛的观赏性。但是细心的体育老师发现一个有趣的现象，凡是赞成三局两胜的大多是乒乓球水平较低的选手，而赞成五局三胜的大多是水平较高的选手，这里面有什么奥秘吗?

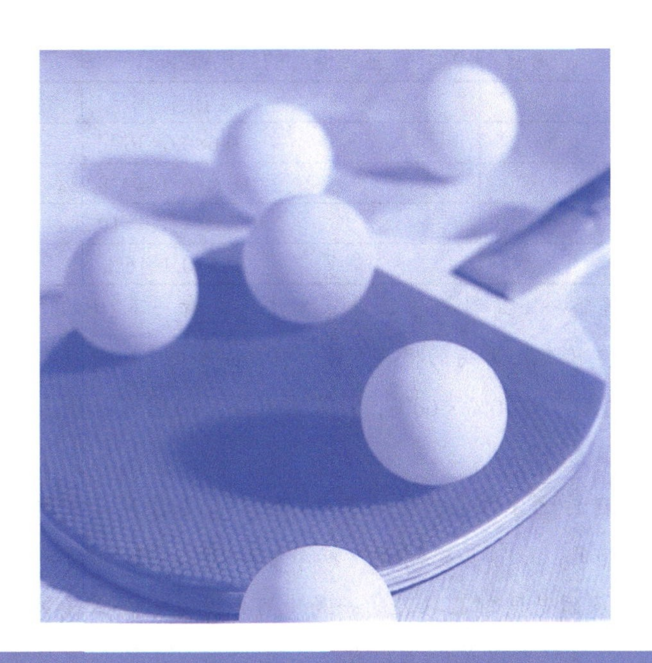

分析

为了分析问题，我们先考虑一个最简单的情况。假设同学甲和同学乙进行比赛，同学甲的水平略高，每局比赛获胜的概率为60%，而同学乙的水平稍逊，每局比赛获胜的概率为40%。这里只考虑两个人都正常发挥，不考虑某人超水平发挥或发挥失常的情况。如果是一局定胜负，也就是只比赛一局，那么比赛结果只能是1:0或者0:1。显而易见，同学甲获得比赛胜利的概率为60%，而同学乙获得比赛的胜率为40%，如表2-11所示。

表2-11 一局定胜负的结果概率

甲乙比分	结果概率P
1:0	60%
0:1	40%

如果赛制是三局两胜，那么比赛结果可能是2:0，2:1，1:2，0:2。我们分别算一下每种比分的概率，如表2-12所示，进而得出同学甲和同学乙取得比赛胜利的概率。

表2-12 三局两胜的结果概率

甲乙比分	结果概率P
2:0	0.6×0.6=36%
2:1	2×0.6×0.6×0.4=28.8%
1:2	2×0.6×0.4×0.4=19.2%
0:2	0.4×0.4=16%

这里需要解释一下每种概率的计算方法。先看一下2:0的比分概率，该比赛结果表示同学甲连胜两局的概率，由于同学甲每局比赛获胜概率为60%，因此连胜两局的概率为60%×60%，结果为36%，同理可以计算出0:2的概率为16%。

再看一下2:1的比分概率，该结果表示三局比赛中同学甲取胜两局，同学乙取胜一局的概率，很容易想到60%×60%×40%，概率为14.4%。但是该结果需要乘以2，原因是同学乙取胜的一局中可以是第一局或者第二局，也就是同学甲取胜的两局中可以是一三局或者二三局。对于同学甲来说，比赛结果可能是胜负胜或者负胜胜，因此，最终结果是2×60%×60%×40%，概率为28.8%，同理可以计算出1:2的概率为19.2%。

通过计算每种比分出现的概率，进而可以得出在赛制为三局两胜的情况下，同学甲获得比赛胜利的概率为36%+28.8%=64.8%，同学乙获得比赛胜利的概率为19.2%+16%=35.2%。与一场定胜负的赛制相比，同学甲获胜的概率有所提高，而同学乙获胜的概率反而有所下降，也就是说实力更强的选手获胜的概率更高了。

如果赛制是五局三胜，那么各种比分的概率如表2-13所示。

表2-13 五局三胜的结果概率

甲乙比分	结果概率P
3:0	0.6×0.6×0.6=21.6%
3:1	3×0.6×0.6×0.6×0.4=25.92%
3:2	6×0.6×06×0.6×0.4×0.4=20.736%
2:3	6×0.6×0.6×0.4×0.4×0.4=13.824%
1:3	3×0.6×0.4×0.4×0.4=11.52%
0:3	0.4×0.4×0.4=6.4%

通过计算每种比分出现的概率，进而可以得出在赛制为五局三胜的情况下，同学甲获得比赛胜利的概率为21.6%+25.92%+20.736%=68.256%，同学乙获得比赛胜利的概率为13.824%+11.52%+6.4%=31.744%。与一场定胜负和三局两胜的赛制相比，同学甲获胜的概率更高了，而同学乙获胜的概率进一步下降。

通过对比三种赛制不难发现，赛制越短对于水平相对较低的选手越有利，因为爆冷的机会更大了。而赛制越长对于水平相对较高的选手越有利，因为赛制越长越能考验选手的实力，实力强的选手比赛获胜的几率便高了。

如果读者感兴趣，可以自行计算一下在七局四胜的赛制下，同学甲和同学乙各自取得比赛胜利的概率。在这里，我们可以根据上面得出的结论推断出，同学甲取胜的概率一定会高于68.256%。

有人可能会提出质疑，国际乒联为了避免中国队一枝独秀的局面，修改比赛规则，由以前的三局两胜改为七局四胜，这样做不是反而更有利于中国队吗？这个问题我是这样理解的，如果不考虑每局多少分这个因素，由三局两胜改为七局四胜至少能够让外国选手更大程度上避免被零封的命运，因为三局两胜时中国选手2:0获胜的概率比七局四胜时中国选手4:0获胜的概率要高很多，至少4:1比2:0看起来要友善一些吧。

2.7 森林球

每年春节的时候，逛庙会总是放假期间必不可少的一项娱乐活动，既能够欣赏到民俗文化，又能够体验过年的气氛。尤其庙会里各式各样的游戏类项目，参与其中还有可能收获大奖，着实为新的一年添了些喜气，但是要想中奖似乎不是那么容易。

其中有一种游戏叫做森林球。游戏道具包括一颗弹球和一块布满钉子的木板，木板上的钉子如图2-10所示呈三角形排布。游戏参与者将弹球放入顶端的入口，弹球碰触钉子之后会随机地向左或向右滚动下落，直到碰触到最底端的钉子之后滚入相应的位置，每个位置对应着某一类奖品。奖品的分布一般是越靠近两边区域的奖品越高级，越靠近中间区域的奖品越廉价。其实这个简单的游戏里面就蕴含着概率知识。

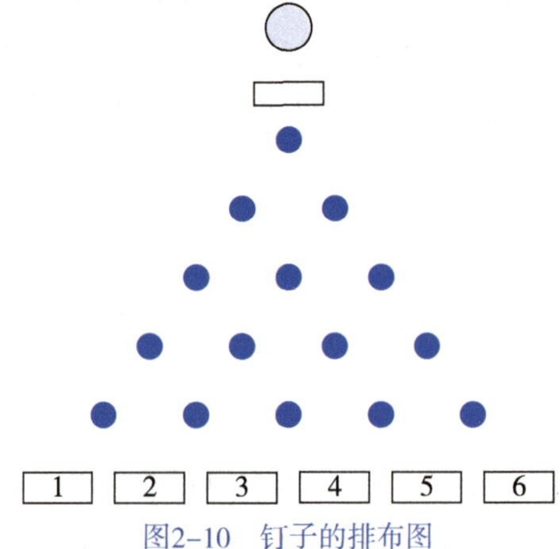

图2-10　钉子的排布图

分析

在小球下落的过程中，向左滚动和向右滚动完全是随机的，因此向左滚动的概率等于向右滚动的概率均为50%。对于小球任何一种行进路线，其概率是完全相等的。假设行进路线A为左右左左右，行进路线B为左左右右右，如

图2-11所示，无论哪种行进路线，小球都是经过了五次选择，每次选择向左还是向右的概率都为50%，因此最终行进路线为A的概率等于最终行进路线为B的概率：50% × 50% × 50% × 50% × 50%=3.125%。

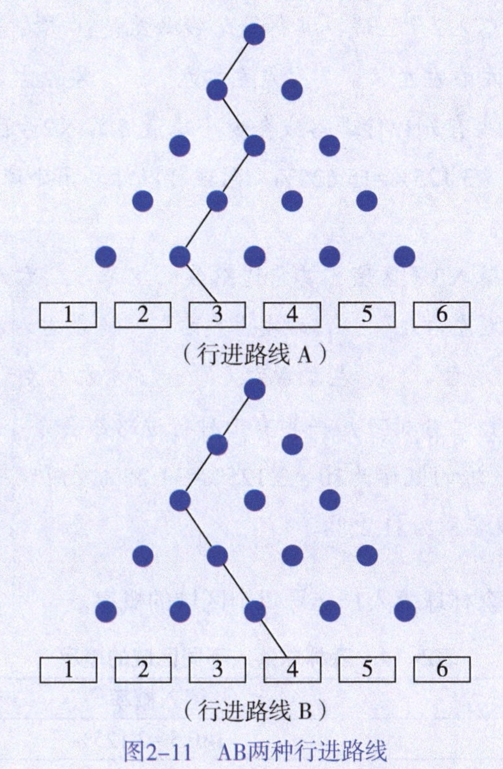

图2-11 AB两种行进路线

既然每一种行进路线都是等概率的，那么问题就转化为有几种行进路线会使小球落入某一特定区域。假设有五种行进路线会使小球落入2号区域，那么，小球落入2号区域最终的概率就是5 × 3.125%。

根据对游戏规则的描述可以获知，如果小球最终落入1号区域或6号区域，游戏参与者获得的奖品价值最高，因为落入这两个区域的概率相对于其他区域要低，我们就来看一下小球落入这两个区域的概率究竟是多少。

如果小球最终落入1号区域，其行进路线必然是一路向左，也就是每次与钉子发生碰触，小球都要向左滚动下落。在落入1号区域之前总共发生五次碰触，小球具体的行进路线只有唯一的一种：左左左左左，因此落入

1号区域的概率为1×3.125%=3.125%。我们可以通过同样的方法确定小球最终落入6号区域的行进路线也只有唯一的一种：右右右右右，概率同样为1×3.125%=3.125%。

如果小球最终落入2号区域，其行进路线必然是："右左左左左"、"左右左左左"、"左左右左左"、"左左左右左"、"左左左左右"中的一种。经过分析可知，一共有五种行进路线会令小球最终落入2号区域，因此，落入2号区域的概率为5×3.125%=15.625%。同理可以计算出小球最终落入5号区域的概率同为15.625%。

如果小球最终落入3号区域，其行进路线必然是："右右左左左"、"右左右左左"、"右左左右左"、"右左左左右"、"左右右左左"、"左右左右左"、"左右左左右"、"左左右右左"、"左左右左右"、"左左左右右"其中的一种。经过分析可知一共有十种行进路线会令小球最终落入3号区域，因此落入3号区域的概率为10×3.125%=31.25%。同理可以计算出小球最终落入4号区域的概率同为31.25%。

表2-14列出了森林球落入1～6号每个区域的概率。

表2-14　森林球落入不同区域的概率

区域编号	落入概率P
1	$1\times0.5^5=3.125\%$
2	$5\times0.5^5=15.625\%$
3	$10\times0.5^5=31.25\%$
4	$10\times0.5^5=31.25\%$
5	$5\times0.5^5=15.625\%$
6	$1\times0.5^5=3.125\%$

通过计算小球落入每个区域的概率不难发现，由于落入1号区域和6号区域的概率相比其他区域要低很多，因此对应的奖品也最为丰厚，但是实际上能够获得奖品的人数只有2×3.125%=6.25%，获得二等奖的人数也不过只占到总人数的2×15.625%=31.25%，而大多数人2×31.25%=62.5%只能拿到安慰奖了。

知识扩展

蒲丰投针与几何概率

如果每个事件发生的概率只与构成该事件区域的长度、面积或者体积成比例，则称这样的概率模型为几何概率模型。在几何概率模型中，试验中所有可能出现的基本事件有无穷多个，并且每个基本事件出现的可能性相等。

根据上面几何概率模型的定义，我们可以得到几何概率模型中概率的计算公式，也就是事件A发生的概率：

$$P(\mathrm{A})=\frac{\text{事件A构成的区域长度（面积、体积等）}}{\text{所有基本事件构成的区域长度（面积、体积等）}}$$

我们通过一个简单的射击问题看一下几何概率模型在现实生活中的应用。在军队的射击比赛中，参赛者需要对一系列同心圆组成的靶子进行射击，只有射中靶心才能计分。假设靶子的半径为10cm，靶心的半径为1cm，如果参赛者射中靶子上任一位置都是等概率的，那么在不脱靶的情况下，射中靶心的概率是多少？

根据几何概率模型的概率公式我们可以知道，要想求得射中靶心的概率，首先需要计算靶子的面积和靶心的面积，然后通过两者面积的比值，得到射中靶心的概率：

$$P(\mathrm{A})=\frac{\text{靶心面积}}{\text{靶子面积}}=\frac{\pi r_{\text{靶心}}^2}{\pi r_{\text{靶子}}^2}=\frac{\pi 1^2}{\pi 10^2}$$

第一次用几何形式表达概率问题的是著名的蒲丰投针实验。法国科学家蒲丰在18世纪提出了一种计算圆周率的方法——随机投针法。

在实验过程中，蒲丰首先在一张白纸上画出许多间距为a的平行线，然后用一根长度为l（$l<a$）的针随即向画有平行线的纸上投掷n次，将针与平行线相交的次数记为m，并计算出针与平行线相交的概率。

蒲丰证明了针与平行线相交的概率与圆周率存在一定的数学关系，并推算出这个概率公式为：

$$P=\frac{2l}{\pi a}$$

有兴趣进一步了解蒲丰投针试验及其概率公式的读者可以参考相关的

专业书籍。

仔细想来，其实“森林球”问题的本质也是一个几何概率问题。由于木板上钉子的几何形状排布的特殊设计，使得小球落入1～6号不同区域的机会也不尽相同，从而导致得到不同奖项的概率也存在着很大的差异。

2.8 斗地主

现在最流行的纸牌游戏莫过于斗地主了，有些地方也叫欢乐二打一，就连电视上也每天都播出比赛实况，可谓是全民性质的娱乐活动。之所以游戏如此受欢迎，很大程度上是因为游戏本身集娱乐性和智慧性于一身。

游戏规则本身并不复杂，需要三个人参与，开始发牌的时候每人17张，通过叫牌决定地主和农民，底牌的三张由地主获得，因此地主有20张牌。胜负判断标准是：如果地主先于两名农民出光手中的牌就算地主获胜，而两名农民只要有一名农民先于地主出光手中的牌就算农民获胜。

主要的出牌规则如下，实际规则可能还要更复杂一些。

火箭：双王（大王和小王）

炸弹：四张同数值不同花色的牌（如四个2，叫做2炸；四个K，叫做K炸）

单牌：一张牌（如黑桃8）

对子：数值相同的两张牌（如红桃9+梅花9）

三带：数值相同的三张牌＋一张单牌或一对牌（如777+6或555+99）

单顺：五张或更多的连续单牌（如78910JQK）

双顺：三对或更多的连续对牌（如334455）

飞机：连续的三带 ＋ 同数量的单牌或对牌（如333+444+2+7或QQQ+KKK+55+99）

这种看似简单的纸牌游戏里面也蕴含着概率问题，这也是数学在生活中无处不在的又一体现。下面我们就看几个出牌时候经常遇到的与概率相关的问题。

分析

1. 如果地主手中没有大小王，那么出现火箭的概率是多少？

既然地主没有大小王，那么大小王肯定在两个农民手里，因此大小王所有可能的分布有四种：大小王都属于农民甲，大小王都属于农民乙，大王属于农民甲并且小王属于农民乙，小王属于农民甲并且大王属于农民乙。通过游戏规则可知，前两种情况会出现火箭，因此出现火箭的概率为2/4=50%。所以地主手中没有大小王的时候还是很危险的，农民手中有一半的概率拥有火箭。

2. 如果地主手中没有K，那么出现K炸的概率是多少？

由于K在所有牌中有4张，因此比分析出现火箭的概率稍微复杂一些。根据规则我们知道，只有4张K都在某一个农民手里才会出现炸弹，因此只有两种分配方式符合需求：4张K都属于农民甲，4张K都属于农民乙。我们再看一下4张K一共有多少种分配方式，就能计算出出现炸弹的概率。

计算4张K一共有多少种分配方式的思路非常简单。黑桃K有两种分配方式，可以属于农民甲，也可以属于农民乙；红桃K也有两种分配方式，可以属于农民甲，也可以属于农民乙；梅花K和方块K同理。因此，4张K的所有分配方式为$2 \times 2 \times 2 \times 2=16$种。而其中有两种分配方式会出现炸弹，因此出现炸弹的概率为2/16=12.5%。可见，当地主手中缺少某一种数值的牌时，还是要提防着点农民手中的炸弹。

3. 地主从底牌中直接补到火箭的概率是多少？

这个问题的思路和解法要更加灵活、复杂一些。我们想象有一个具有54个空位的牌桌，我们随机把54张牌放到54个空位中，一共有多少种排列方式？放置第1张牌的时候显然有54个选择；放置第2张牌的时候已经有1个空位被占据，因此还剩53个选择；放置第3张牌的时候已经有2个空位被占据，因此还剩52个选择；以此类推，放置第53张牌的时候已经有52个空位被占据，因此还剩2个选择；放置最后一张牌的时候只剩下一个选择，因此共有$54 \times 53 \times 52 \times \cdots \times 3 \times 2 \times 1$种排列方式。

我们再看一下所有排列方式中，大小王都在底牌中的排列方式有多少种。首先放置大王，由于底牌只有3张牌，因此大王只有3个选择；然后放置小王，由于小王也必须出现在底牌中，而且大王已经占据其中一个位置，因此小王只有2个选择。其余52张牌则遵从随机排列的原则，因此共有$3 \times 2 \times 52 \times 51 \times \cdots \times 3 \times 2 \times 1$种排列方式。

我们将两种排列方式的种类相除，就得到了底牌中同时出现大小王的概率为0.21%，因此要想凭借底牌抓到火箭的概率非常低。

4. 地主从底牌中补一张王的概率是多少？

这个问题与上一个问题大同小异，我们可以用同样的思路来解决。先考虑底牌只有大王的情况，由于底牌只有3张牌，因此大王有3个选择，而小王不在底牌中，因此小王有51个选择，其余53张牌随机排列，因此底牌只补到大王有$3 \times 51 \times 52 \times 51 \times \cdots \times 3 \times 2 \times 1$种排列方式。再考虑底牌只有小王的情况，底牌只有小王与底牌只有大王是完全相同的，因此底牌中出现一张王共有$2 \times 3 \times 51 \times 52 \times 51 \times \cdots \times 3 \times 2 \times 1$种排列方式。

我们已知所有的排列方式有$54 \times 53 \times 52 \times \cdots \times 3 \times 2 \times 1$种，将两者相除可以得到底牌出现一张王的概率为10.69%。可见，不要轻易指望凭借底牌翻身。

5. 地主抓牌连续抓到两张王的概率是多少？

所谓连续抓到两张王是指在连续的两手牌中分别抓到大王和小王，比如第4手抓到大王第5手抓到小王，这通常是抓牌中最兴奋的时刻，但是这种时刻确实是非常罕见的，所以一旦遇到，就请珍惜吧。

首先看一下大小王有多少种排列方式，还是通过占空位的方法来计算，第一张王有54种选择，第二张王有53中选择，因此，大小王在洗完牌后有54×53种排列方式。地主要想连续抓到大小王，大小王所在位置只能出现在类似（1，4），（4，7），（7，10）…（46，49）这种位置对中。这种复合要求的位置对一共有16对，在每一对中，大小王可以颠倒顺序，比如在（1，4）位置对中，可以是1代表大王，4代表小王，也可以是1代表小王，4代表大王，因此连续抓到大小王有16×2种排列方式。

我们将两种排列方式的种类相除，就得到了地主连续抓到大小王的概率为1.12%，也就是说90把牌中才能有一次连续抓到大小王。

通过以上对五种牌局情况进行分析，我们发现一个小小的斗地主游戏就包含了这么多概率的知识，而且还有很多种牌局也可以通过概率进行分析，所以，了解一些概率方面的知识对于提高牌技还有很有帮助的。

2.9 小概率事件

在日常生活中，存在着各种小概率事件，例如我们真的有幸中了超级大乐透的特等奖，当这些看似巧合的小概率事件发生时，往往伴随着各式各样的惊喜，那么我们就看一看周边还存在着哪些其他的小概率事件。

分析

场景一：摇号买车

现阶段在北京购买机动车需要参加摇号，只有摇号中签才能取得购买机动车的资格。据统计，现在摇号池里已经有超过两百万人，而每次只有两万人有幸摇中，所以经常会看到摇号当日摇中的亲朋好友在社交网络上晒出自己中签的喜讯，而没摇中的人羡慕之余只能黯然神伤，感慨自己运气太差。

就某一次摇号结果而言，中签就可以称作一次小概率事件，毕竟只有1%的参与者被摇中。但当我们把整个摇号历史过程贯通在一起来看的话，中签概率似乎比预计的要好一些。比如一个人摇了三年终于中签了，那么，可以说这个人运气非常好么？

我们用逆向思维来解释这个概率问题，也就是说，我们先计算一下三年始终没有中签的概率。假设每个月都有一次摇号机会，并且摇中比例始终保持恒定，三年一共会产生36次摇号事件，对于每一次摇号，未中签的概率为99%，因此连续三年没有摇中意味着连续36次未中签，因此概率为

$$P=0.99^{36}\approx0.694$$

通过计算结果我们可以看到，连续三年未中签的概率大约为70%，因此那个摇了三年终于中签的幸运儿属于另外30%的行列。根据这个结果来看，三年中签也不能算特别幸运，毕竟几乎三个人里面就会有一个人在三年之内中签，比例也不算特别低。表2-15中列出了几个摇号次数与其对应的中签几率和未中签几率，供读者参考。

表2-15　摇号次数与中签几率和未中签几率

摇号次数	未摇中概率P	摇中概率P
1	0.99	0.01
12	$0.99^{12}\approx0.886\ 4$	0.113 6
60	$0.99^{60}\approx0.547\ 2$	0.452 8
120	$0.99^{120}\approx0.299\ 4$	0.700 6

通过表2-16中可以看出，如果一年之内就摇中的话确实比较幸运，因为十个人里面才能有一个人能这么快摇中；如果五年摇中的话，基本上就很正常了，毕竟这时候已经有几乎一半的人已经摇中了；如果连续摇了十年还没摇中的话，那就请继续坚持吧，毕竟还有三成的人和你一直十年如一日地坚守着……

场景二：坠机事故

坠机是一件非常可怕的事情，我们有时会在报纸上看到某某航空公司的航班发生坠机事故，机上乘客和机组人员全部遇难，骇人听闻。但是有人又将飞机称作最安全的交通工具，因为与其他交通工具比起来，飞机发生事故的概率最低。根据不完全统计，飞机发生重大事故的概率大约为一百万分之一，的确算得上名副其实的小概率事件。

一百万是一个什么概念呢？就是如果每天都坐一次飞机，需要大约三千年才能坐够一百万次。但我们显然不能通过这种简单的算术说明需要三千年才能赶上一次飞机事故，这样说是非常不严谨的，而要通过概率阐述飞机的安全性。

假设一个人一生中每周都要坐一次飞机，按照平均寿命80年计算，这个人一生要乘坐4 160次飞机，这个数字相对于普通人来说已经是非常高了，我们下面就来计算一下这个人一生平安飞行的概率：

$$P=0.999\,999^{4\,160}\approx0.995\,8$$

通过计算结果我们可以看到，即便每周都要做飞机，连续乘坐80年的情况下，仍然有相当高的概率始终不会发生飞机事故，所以说乘坐飞机还是很安全的。对于一般人来说，恐怕只有在长途旅行和偶尔出差的时候会乘坐飞机，因此一生中乘飞机的次数要少得多，即便平均每个月都会乘坐一次飞机，同样按照乘坐80年进行对照，一共需要乘坐960次飞机，我们再看一下概率：

$$P=0.999\,999^{960}\approx 0.999\,0$$

计算结果告诉我们，普通人即便乘坐近千次飞机，发生事故的概率也只有千分之一。人们之所以对乘坐飞机有所担心，主要是因为飞机一旦发生事故，存活的可能性很小，因此，有人宁愿选择速度更慢的火车或者其他交通工具。

场景三：老爷式出租车

最近北京街面上出现了一种类似于老爷车的出租车，跟普通出租车比起来明显更加“高大上”，空间更宽敞，座位更舒适，空调更给力，据说全北京才有三十辆。有一次和同学一起打车，碰巧打上一辆老爷车。

我们路上跟司机攀谈起来，便问司机为什么您能开高级出租车，大多数的哥的姐就没这福气呢，怎么选上您的啊？司机一听顿时自豪感油然而生，骄傲地告诉我们，因为他驾驶出租车二十多年没出过一次交通事故，多不容易啊，所以被选中了。同学一听觉得挺纳闷，不出交通事故不是很正常吗？坚持二十多年很稀奇吗？

我们假设出租车司机每次出车发生交通事故的概率为千分之一，单看这个概率显然也是小概率事件，再看看一年无事故的概率是多少。还是通过逆向思维分析这个问题，很容易能得到每次出车安全驾驶未发生交通事故的概率为99.9%，那么连续行驶一年也就是出车365次安全无事故的概率为

$$P=0.999^{365}\approx 0.694\ 1$$

结果有点出人意料吧，一年内居然会有三成的司机或大或小会发生交通事故，可见安全行驶一次容易，一直保持安全行驶就不那么容易了，那安全行驶二十多年究竟有多不容易呢，我们算一下概率：

$$P=0.999^{8\ 000}\approx 0.000\ 334\ 1$$

我们一看到小数点前后有这么多零就知道这个概率非常非常低了，具体来说就是，一万名司机当中只有不到四个人能做到连续二十多年始终安全行驶，可谓凤毛麟角。整个北京大约有七万辆出租车，只有三十辆这种老爷车似的出租车，这个比例跟咱们计算出的概率基本吻合，所以说那名司机确实应该为自己骄傲。

如果我们善于观察，就会在生活的点滴中发现许多这样的小概率事件，我们不妨拿起笔算一算它们的概率究竟是多少，这样你会对周边的事情认识得更加清晰而透彻。

2.10 疯狂的骰子

打麻将在中国作为一种大众类的娱乐方式广为流行。在开始对局之前，首先要确定哪一方先做庄家，这时候一般是通过掷骰子比较点数大小的方式来决定，点数大的一方首先坐庄，这看似简单的掷骰子里面实则也暗藏着概率的知识。

老张、老李、老王、老赵在晚饭后像往常一样聚在一起打麻将，老张首先掷骰子，结果一下掷出了最大点两个六。旁边老李惊呼一声："一开始运气就这么好啊，这十二分之一的概率都让你一下就给碰上了。"这里面老李犯了一个原则性的错误，就是用两个骰子掷出十二点的概率并非十二分之一，那正确的概率是多少呢？

分析

首先我们分析一个骰子的情况。如果只掷一个骰子，那么结果有6种，即1到6，这是显而易见的。由于6种结果的任何一种掷出的概率都相等，因此，我们可以得到一个骰子掷出所有点数的概率。

$$P_1 = P_2 = P_3 = P_4 = P_5 = P_6 = \frac{1}{6} \approx 0.166\,7$$

但是两个骰子就没有那么简单了。这里先要明确的是，两个骰子的所有点数结果一共有11种，即2到12。其次每一种点数的概率是不同的，我们只需要简要地分析一下就可以明确这个结论。比如掷出12点只有一种方式，也就是骰子A是6点，骰子B是6点，除此之外没有其他组合方式；而掷出8点的方式就很多了，例如骰子A是6点，骰子B是2点，或者骰子A是3点，骰子B是5点，还有其他组合暂时不在这里逐一列出，我们想说明的是，每种结果的组成种类多少不同，因此概率也不一样。

那么问题来了，两个骰子一共有多少种组合方式呢？答案是36种。因为骰子A可以有6种选择，骰子B同样可以有6种选择，我们将两个骰子的选择种类相乘，就得到了两个骰子的所有组合方式。例如12点的组合只有一种方式，因此掷出12点的概率为

$$P_{12}=\frac{1}{36}\approx 0.0278$$

再看一下8点的所有组合。为了便于说明，在这里我们用（a，b）表示骰子A和骰子B的点数。使用这种表达方式，可以写出所有组合（2，6），（3，5），（4，4），（5，3），（6，2）。通过穷举我们知道组成8点一共有5种方式，需要说明的是（2，6）和（6，2）是两种不同的组合方式，前者代表骰子A是2点而骰子B是6点，后者代表骰子A是6点而骰子B是2点，因此，我们得到掷出8点的概率为

$$P_8=\frac{5}{36}\approx 0.1389$$

可见掷出12点的概率和掷出8点的概率是不同的。模仿上面计算掷出8点概率的方式，我们计算出掷出2到12点各种结果的概率。

表2-16　掷出2到12点各种结果的概率

点数	组合方式	概率
2	（1，1）	$P_2=\frac{1}{36}\approx 0.0278$
3	（1，2）（2，1）	$P_3=\frac{2}{36}\approx 0.0556$
4	（1，3）（2，2）（3，1）	$P_4=\frac{3}{36}\approx 0.0833$
5	（1，4）（2，3）（3，2）（4，1）	$P_5=\frac{4}{36}\approx 0.1111$
6	（1，5）（2，4）（3，3）（4，2）（5，1）	$P_6=\frac{5}{36}\approx 0.1389$
7	（1，6）（2，5）（3，4）（4，3）（5，2）（6，1）	$P_7=\frac{6}{36}\approx 0.1667$
8	（2，6）（3，5）（4，4）（5，3）（6，2）	$P_8=\frac{5}{36}\approx 0.1389$
9	（3，6）（4，5）（5，4）（6，3）	$P_9=\frac{4}{36}\approx 0.1111$

续表

点数	组合方式	概率
10	（4，6）（5，5）（6，4）	$P_{10}=\frac{3}{36}\approx0.083\ 3$
11	（5，6）（6，5）	$P_{12}=\frac{1}{36}\approx0.027\ 8$
12	（6，6）	$P_{11}=\frac{2}{36}\approx0.055\ 6$

通过观察表2-16中的结果我们不难发现一个有趣的现象，所有的概率是对称出现的，例如掷出11点的概率等于掷出3点的概率，掷出5点的概率等于掷出9点的概率。还有一个现象是位于表两端的概率最低，也就是掷出2点和掷出12点的概率最低，越向中间靠拢概率越高，处于中间的概率达到最高值，也就是掷出7点的概率最高。

2.11 庄家的必杀计

博彩游戏中庄家总是最大的赢家，这个道理相信大家早已心知肚明。如果上帝垂青，你有幸中了大奖，在这一局中庄家可能会有所损失，但是从长远收益来看，庄家总是可以攫取更多利益的。要不然澳门的博彩业为何如此发达。

这一节将带你领略一下庄家的必杀计，看一看庄家是如何制定游戏规则，才使得利益的天平永远向自己一方倾斜。

分析

赌马游戏是一项风靡香港、澳门等地的博彩游戏。庄家在制定游戏规则时，通常会给每一匹马设定一个赔率。如果赌注者投注的这匹马在比赛中获胜，那么他将获得投注的本金加上赔率倍数的奖金。例如一匹马的赔率为（3/1），如果赌注者向这匹马投注了100元，一旦此马获胜，赌注者将获得本金100元加上3倍于本金的奖金300元，共计400元。

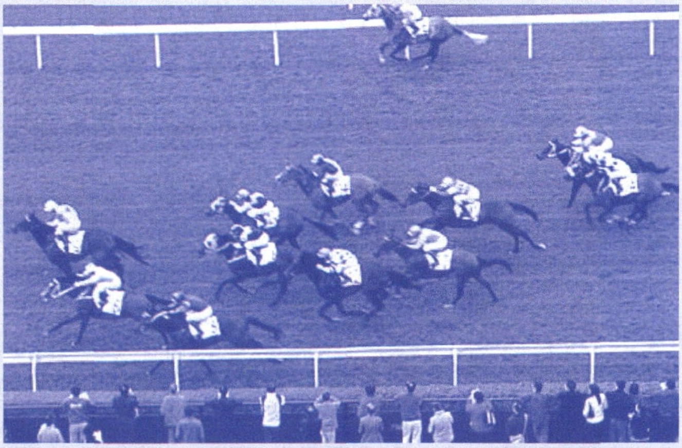

一般情况下，对于那些健壮而跑得快的马赔率会比较低，而对于那些体格一般获胜机率不大的马，赔率则会较高。所以，为每匹马设定赔率是一件很有技巧的事情。如果赔率设定得好，则庄家获利的把握会更大；相反，如果赔率设定失误，也可能给庄家带来巨大的经济损失。那么，庄家在设定每匹马的赔率时究竟有哪些技巧呢？

我们先看下面这场赌马比赛中庄家为每匹马设置的赔率是否合理，如表2-17所示。

表2-17　某场赌马比赛中各匹马的赔率

赛马编号	赔率
A	4/1
B	5/1
C	2/1
D	6/1
E	9/1

参与这次赌马比赛的马共有5匹，分别编号为A、B、C、D、E。每匹马的赔率在表中已标注清楚。笼统地一看，这个庄家设定的赔率似乎并无不妥之处。可能在这5匹马中C马获胜的概率最大，因此悬念最小，于是庄家设定的赔率为2/1，也就是说，投注该马的人如果猜中，将会获得2倍于赌金的奖金和

投注的本金。E马获胜的概率应该是最低的，因此赔率设定的较高，这样可以吸引更多的投注者将筹码押到E上，于是庄家就可能从中获得巨大的利益。但是如果你足够聪明，就会从这张赔率表中找出破绽。

如果我们按照下面的方式投注，结果将会如表2-18中所示的那样。

表2-18　一种投注方式及所得的回报

赛马编号	赔率	投注金额（元）	获胜可得回报（元）
A	4/1	200	1 000
B	5/1	170	1 020
C	2/1	350	1 050
D	6/1	140	980
E	9/1	100	1 000

如果投注者按照表2-18中列出的数字为每匹马都投注资金，那么该投注者所花费的赌金总共为200+170+350+140+100=960元。而不论哪匹马获胜，该投注者都会得到回报（因为他为每匹马都投注了赌金），且回报的金额最少为980元，最多为1 050元。这样就出现了一个严重的问题——如果投注者以这种方式投注每一匹马，那么该投注者一定能从中获得利益（赚到钱），获得利益的数额在20元到70元之间。也就是说庄家必然会遭受损失。

所以按照表2-17所示制定出来的赔率显然是不合理的，因为它存在“能使投注者必胜的投注方法”。因此庄家在制定赔率时，首先要遵循的“黄金法则”就是：制定的赔率不能使投注者有必胜的投注方法。这条“黄金法则”也是庄家制定游戏规则的底线，如果庄家在制定游戏规则时越过这条底线，将会面临严重的经济损失。

如何保证为每匹马制定的赔率不会让投注者找到必胜的投注方法呢？我们可以用数学方法推导出来。

假设投注者希望获得回报的金额为x元，那么，他可以按照下面的方式进行投注。

$$S=\frac{x}{n_1+1}+\frac{x}{n_2+1}+\frac{x}{n_3+1}+\frac{x}{n_4+1}+\frac{x}{n_5+1}$$

在该式中，n_1，n_2，…，n_5为5匹马的赔率，$\frac{x}{n_i+1}$表示如果第i匹马获胜，投注者希望得到x元的回报所需要下注的赌金。例如第一匹马的赔率为（4/1），如果投注者希望得到1 000元的回报，那么他必须下注$\frac{1\ 000}{4+1}=200$元，当然投注者可以得到这笔回报的前提是第一匹马获胜。因此上式中$S=\frac{x}{n_1+1}+\frac{x}{n_2+1}+\frac{x}{n_3+1}+\frac{x}{n_4+1}+\frac{x}{n_5+1}$就表示投注者为5匹马分别下注的总赌金，并且按照这种方式下注，投注者必然能够获得x元的回报。这一点相信读者都可以理解，因为投注者为5匹马都下了注，所以必然有且仅有一匹马能够胜出，而只要这匹马胜出了，投注者即可获得x元的回报。

但是投注者获得x元的回报并不意味着他一定能够获利，因为投注者还付出了$\frac{x}{n_1+1}+\frac{x}{n_2+1}+\frac{x}{n_3+1}+\frac{x}{n_4+1}+\frac{x}{n_5+1}$元的赌金。因此只要满足

$$S=\frac{x}{n_1+1}+\frac{x}{n_2+1}+\frac{x}{n_3+1}+\frac{x}{n_4+1}+\frac{x}{n_5+1}>x$$

投注者就不可能获得利益，因为投注者需要支付的总赌金$\frac{x}{n_1+1}+\frac{x}{n_2+1}+\frac{x}{n_3+1}+\frac{x}{n_4+1}+\frac{x}{n_5+1}$比获得的回报$x$还要多。

将上式左右两边同时除以x，即可得

$$S=\frac{1}{n_1+1}+\frac{1}{n_2+1}+\frac{1}{n_3+1}+\frac{1}{n_4+1}+\frac{1}{n_5+1}>1$$

也就是说如果按照上面这个公式制定每匹马的赔率（n_1，n_2，…，n_5），投注者就无法找到必胜的投注方法，也就不会出现表2-17所示的那种情况了。

聪明的读者可能会看出一些问题。上面的推导有一个大的前提，那就是：投注者希望仅获得x元的回报。所以对于每匹马，投注者下注的赌金都是$\frac{x}{n_i+1}$元，这样，其中一匹马获胜，投注者就可获得x元的回报，同时损失$\frac{x}{n_1+1}+\frac{x}{n_2+1}+\frac{x}{n_3+1}+\frac{x}{n_4+1}+\frac{x}{n_5+1}>x$元的赌金。但在实际投注过程中，投注者往往会根据每匹马的实际条件选择不同的投注资金，从而获得不同的收益。比如对于赔率为（9/1）的马，有的投注者可能会认为虽然它获胜的几率低，但是一旦获胜回报可观，所以也要铤而走险多下注一些；对于赔率为（2/1）

的马，有的投注者会认为之所以它的赔率低，是因为这匹马获胜的几率大，因此，这位投注者可能会不惜一掷千金，为这匹马下注更多。所以，这种“投注者希望仅获得x元的回报，而不考虑马的实际状况”的假设是难以令人信服的。

还是以5匹马为例，如果投注者为这5匹马分别下注，但是希望得到的回报会根据马的实际条件而有所不同，我们不妨假设如果第i匹马获胜，可以带给投注者x_i元的现金回报。这样投注者需要支付的总赌金为

$$S=\frac{x_1}{n_1+1}+\frac{x_2}{n_2+1}+\frac{x_3}{n_3+1}+\frac{x_4}{n_4+1}+\frac{x_5}{n_5+1}$$

这种情况下，制定赔率的$\frac{1}{n_1+1}+\frac{1}{n_2+1}+\frac{1}{n_3+1}+\frac{1}{n_4+1}+\frac{1}{n_5+1}>1$法则是否还有效呢？

答案是肯定的。这是因为如果投注者下注的赌金为$S=\frac{x_1}{n_1+1}+\frac{x_2}{n_2+1}+\frac{x_3}{n_3+1}+\frac{x_4}{n_4+1}+\frac{x_5}{n_5+1}$，那么庄家只要确保

$$S=\frac{x_1}{n_1+1}+\frac{x_2}{n_2+1}+\frac{x_3}{n_3+1}+\frac{x_4}{n_4+1}+\frac{x_5}{n_5+1}>\min\{x_1,x_2,x_3,x_4,x_5\}$$

就可以保证投注者没有必胜的投注方法。这个道理很简单，下注的赌金只要比最小的获胜回报多，投注者就不能100%地从这场赌马中获利，因为一旦最小的获胜回报那匹马胜出，投注者就要损失了。不妨假设x_3是最小值，将上式左右两边同时除以x_3，可得下式，

$$\frac{1}{\frac{x_3}{x_1}(n_1+1)}+\frac{1}{\frac{x_3}{x_2}(n_2+1)}+\frac{1}{\frac{x_3}{x_3}(n_3+1)}+\frac{1}{\frac{x_3}{x_4}(n_4+1)}+\frac{1}{\frac{x_3}{x_5}(n_5+1)}>\frac{x_3}{x_3}=1$$

因为x_3是最小值，所以$\frac{x_3}{x_i}<1$，其中$i\neq3$，所以就有

$$\frac{1}{\frac{x_3}{x_1}(n_1+1)}+\frac{1}{\frac{x_3}{x_2}(n_2+1)}+\frac{1}{\frac{x_3}{x_3}(n_3+1)}+\frac{1}{\frac{x_3}{x_4}(n_4+1)}+\frac{1}{\frac{x_3}{x_5}(n_5+1)}$$
$$>\frac{1}{n_1+1}+\frac{1}{n_2+1}+\frac{1}{n_3+1}+\frac{1}{n_4+1}+\frac{1}{n_5+1}$$

因此，只要$\frac{1}{n_1+1}+\frac{1}{n_2+1}+\frac{1}{n_3+1}+\frac{1}{n_4+1}+\frac{1}{n_5+1}>1$，则一定有$\frac{x_1}{n_1+1}+\frac{x_2}{n_2+1}+\frac{x_3}{n_3+1}+\frac{x_4}{n_4+1}+\frac{x_5}{n_5+1}>\min\{x_1,x_2,x_3,x_4,x_5\}$，即无论投注者怎样下注，都不可能100%获胜。

推而广之，如果本场赌马比赛共有m匹马，庄家在制定每匹马的赔率时必须遵循

$$\frac{1}{n_1+1}+\frac{1}{n_2+1}+\dots+\frac{1}{n_{m-1}+1}+\frac{1}{n_m+1}>1$$

这样的法则（也可以说是底线），只有这样才能确保投注者无法找出必胜的投注策略。同时$\frac{1}{n_1+1}+\frac{1}{n_2+1}+\dots+\frac{1}{n_{m-1}+1}+\frac{1}{n_m+1}$的值越大，庄家赚钱的几率就越大，这个值越小，就越有利于投注者。

庄家的必杀计远不止于此，他们会使用各种手段使得最终的赢家永远是自己，从而获取巨大的利益。所以，我们在参与各种博彩游戏时应当清晰地认识到这一点，不要抱有投机心理，指望“天上掉馅饼”的好事！

2.12 化验单也会骗人

当今的世界医疗事业迅猛发展，许多从前认为的“不治之症”现在看来都已是无足轻重的小问题。比如曾夺走无数人生命的肺炎，自从青霉素诞生的那一天起，这种疾病就再也不是人人恐惧的恶魔了。

但是时至今日，仍然有一些疾病尚不能被人类治愈。比如艾滋病就是最为人们恐惧的疾病之一。当一个人拿到化验单上显示HIV阳性时，他会是什么心情呢？恐怕除了恐惧和悲伤，剩下的就只能是无助和万念俱灰了。但是化验单真的那样准确无误吗？一张HIV阳性的化验单真的等同于一张死亡判决书吗？

可以欣喜地告诉你：“事情并不像你想象的那样糟”，即便是HIV阳性的化验单，也有很大概率是误判，我们现在就用概率的知识来分析一下这个问题。

分析

在分析这个问题前，我们需要先了解几个关于艾滋病的流行病学概率，这些概率对于后面的计算是有用的，如表2–19所示。

表2–19　关于艾滋病的几个流行病学概率

统计内容	概率
艾滋病毒携带者	0.1%
艾滋病毒携带者血检呈HIV阳性	95%
未感染艾滋病毒的人血检呈HIV阳性	1%

这些概率应当是由权威的机构根据流行病学调查，通过大样本数据分析统计而得出的一组概率值。我们这里提供的概率值并不一定准确和权威，只是为了分析这个问题而做出一些假设，如果想要更加科学准确地分析这个问题，还需要从权威机构得到更加准确的数据。

有了上述数据，我们现在需要计算，如果一个人的化验单上显示HIV阳性，那么这个人真正感染了艾滋病毒的概率是多少。

设A表示“某人是艾滋病毒携带者”这个事件，B表示“某人验血检出呈HIV阳性”这个事件。那么我们现在要计算的就是P（A|B）这个条件概率，也就是在这个人的血液检查呈HIV阳性的前提下，该人为艾滋病毒携带者的概率是多少。

根据前面介绍的条件概率的知识我们知道，

$$P(\mathrm{A}|\mathrm{B})=\frac{P(\mathrm{AB})}{P(\mathrm{B})}$$

也就是说要计算P（A|B），首先要知道P（AB）和P（B）各是多少，其中P（AB）表示这个人是艾滋病毒携带者同时又在血液检查中检出HIV阳性的概率，P（B）表示某人血液检查检出HIV阳性的概率。我们先来计算P（AB）是多少。

这里首先要明确一点，“某人是艾滋病毒携带者同时又在血液检查中检出HIV阳性”的概率指的是随便在人群中选择一个人进行检查，结果他确实为艾滋病毒携带者同时血检也呈HIV阳性的概率。这个概率并不是表2–19给出的艾滋病毒携带者血检呈HIV阳性的概率值95%，而是要通过P（B|A）×P（A）来计算。其中P（A）表示艾滋病毒携带者占全体人群总数的概率，根据表2–19所示，这个值为0.1%。P（B|A）表示在一个人确定是艾滋病毒携带者的前提下，这个人血检呈HIV阳性的概率，根据表2–19所示，这个值为95%。因此

$$P(\mathrm{AB})=P(\mathrm{B}|\mathrm{A})P(\mathrm{A})=95\%\times 0.1\%=0.000\,95$$

我们再来计算一下P（B）的值。P（B）表示某人血液检查检出HIV阳性的概率，所以这里有两种情况需要考虑：（1）这个人本身就是艾滋病毒携带者，同时他血检呈阳性；（2）这个人本身不是艾滋病毒携带者，但血检也呈阳性。因此，计算P（B）应当用全概率公式：

$$P(\mathrm{B})=P(\mathrm{B}|\mathrm{A})P(\mathrm{A})+P(\mathrm{B}|\neg\mathrm{A})P(\neg\mathrm{A})=0.95\times 0.001+0.01\times 0.999=0.010\,94$$

这样，我们就能很容易地求出P（A|B）了，

$$P(\mathrm{A}|\mathrm{B})=\frac{P(\mathrm{AB})}{P(\mathrm{B})}=\frac{0.000\,95}{0.010\,94}\approx 0.086\,8$$

也就是说，如果一个人的血液检查报告中显示HIV阳性，那么，他真正感染了艾滋病毒的概率其实只有8.68%，也就是不到十分之一的可能性（这里的数据并不一定权威）。

这样看来化验单有时也会欺骗人，所以在遇到类似的问题时，大家大可不必过分紧张，认真地复查，积极地面对才是正确的态度。

知识扩展

贝叶斯公式

在上面这个实例中，我们计算“如果一个人的血液检查报告显示HIV阳性，那么该人真的感染了艾滋病毒”的概率是多少。如果用A表示“某人是艾滋病毒携带者”这个事件，用B表示“某人验血检出呈HIV阳性”这个事件，那么，实际上就要是计算条件概率P（A|B）。于是我们应用条件概率的公式

$$P(A|B)=\frac{P(AB)}{P(B)}$$

计算出了这个概率是多少。在求解的过程中，无法通过表2-19给出的统计概率直接计算出这个条件概率，所以，我们分别计算了P（AB）和P（B）的值。如果我们将计算P（AB）和P（B）的过程展开，并代入上面这个条件概率的公式中可得到下面这个公式：

$$P(A|B)=\frac{P(B|A)P(A)}{P(B|A)P(A)+P(B|\neg A)P(\neg A)}$$

这个公式就是著名的贝叶斯（Thomas Bayes）公式，也称为逆概率公式。

贝叶斯公式揭示了两个相反的条件概率之间的关系。通常情况下，事件A在事件B发生的条件下的概率与事件B在事件A发生的条件下的概率是不一样的。然而，这两个条件概率之间却有着明确的关系，这正是贝叶斯公式所表达的内容。

一般情况下，如果计算P（B|A）比较容易，而计算P（A|B）却比较困难，甚至无法直接计算出P（A|B），这个时候我们就可以应用贝叶斯公式计得到P（B|A）与P（A|B）之间存在的关系，从而比较轻松地计算出P（A|B）的值。我们来看下面这个例子。

有 A，B 两个容器，在容器 A 中放有 7 个红球和 3 个白球，在容器 B 中放有 1 个红球和 9 个白球，现在不知是谁从哪个容器中取出了一个红球，请问，这个红球来自容器 A 的概率是多少？

设A表示“取出的球是红球”这个事件，B表示“从容器A中取球”这

个事件，现在就是要计算P（B|A）这个条件概率。要计算P（B|A）似乎不是一件很容易的事情，但是我们发现计算P（A|B）却比较容易，所以，我们不妨应用贝叶斯公式求解此题。

根据贝叶斯公式，需要分别计算出P（A|B）、P（B）、P（A|B）P（B）+P（A|¬B）P（¬B）这几个概率值，下面我们分别计算一下。

P（A|B）表示在从容器A中取球的条件下，取出的球是红球的概率。因为容器A中放有7个红球和3个白球，所以这个概率为：

$$P(\mathrm{A}|\mathrm{B})=\frac{7}{10}$$

P（B）表示从容器A中取球的概率。因为两个容器中球的数量是相等的，所以任意一个球来自容器A和来自容器B的概率也是相等的，都是1/2，

$$P(\mathrm{B})=\frac{1}{2}$$

P（A|B）P（B）+P（A|¬B）P（¬B）是一个全概率，它表示，不管取出的球是来自容器A还是容器B，这个球是红球的概率。这个概率为：

$$P(\mathrm{A}|\mathrm{B})\mathrm{P}(\mathrm{B})+\mathrm{P}(\mathrm{A}|\neg\mathrm{B})\mathrm{P}(\neg\mathrm{B})=\frac{7}{10}\times\frac{1}{2}+\frac{1}{10}\times\frac{1}{2}=\frac{2}{5}$$

所以，P（B|A）的概率就等于：

$$P(\mathrm{B}|\mathrm{A})=\frac{P(\mathrm{A}|\mathrm{B})P(\mathrm{B})}{P(\mathrm{A}|\mathrm{B})P(\mathrm{B})+P(\mathrm{A}|\neg\mathrm{B})P(\neg\mathrm{B})}=\frac{\frac{7}{10}\times\frac{1}{2}}{\frac{2}{5}}=\frac{7}{8}$$

也就是说，这颗红球来自容器A的概率为0.875。

逻辑推理、决策、斗争与对策问题是我们日常生活中经常遇到的问题，也是十分有趣的问题。解决它们需要一种理性的思维过程，这个过程需要从一些给定的已知条件出发，通过一系列符合逻辑关系、常识的合理推断，从零星散落的线索中拨丝抽茧，经过一系列假设、判断、推论，或是建立数学模型进行演算，最终得出一个满足要求的结论。

本章将向读者介绍一些有趣的逻辑推理、决策、斗争与对策的题目。通过这些题目的训练，可以培养读者科学、正确的逻辑思维，开拓眼界，增长知识。现在就让我们走进这个令人兴奋的探索旅程吧！

第3章 囚徒的困局——逻辑推理、决策、斗争与对策

3.1 教授们的与会问题

一个国际研讨会在某地举行，哈克教授、马斯教授和雷格教授至少有一个人参加了这次大会。已知：（1）报名参加大会的人必须提交一篇英文学术论文，经专家审查通过后才会发出邀请函；（2）如果哈克教授参加这次大会，那么马斯教授一定参加；（3）雷格教授只向大会提交了一篇德文的学术报告。请根据以上条件推断马斯教授是否参加了这次大会？

分析

这个题目看上去有些零乱，让人摸不到头脑，其实仔细分析一下每个已知条件的内在逻辑，答案是很容易得出的。首先我们尽可能多地从题目中找出已知的信息，通过阅读题目不难得到以下已知信息：

- 哈克教授、马斯教授和雷格教授至少有一个人参加了这次大会；
- 报名参加大会的人必须提交一篇英文学术论文，经专家审查通过后才会发出邀请函；
- 如果哈克教授参加这次大会，那么马斯教授一定参加；
- 雷格教授只向大会提交了一篇德文的学术报告。

通过罗列以上信息马上就能得出：雷格教授无法参加会议，因为他只向大会提交了一篇德文的学术报告，而根据已知信息，教授们必须提交一篇英文学术论文，审查通过后才能被邀请。也就是说提交英文论文是参加会议的必要而非充分条件：

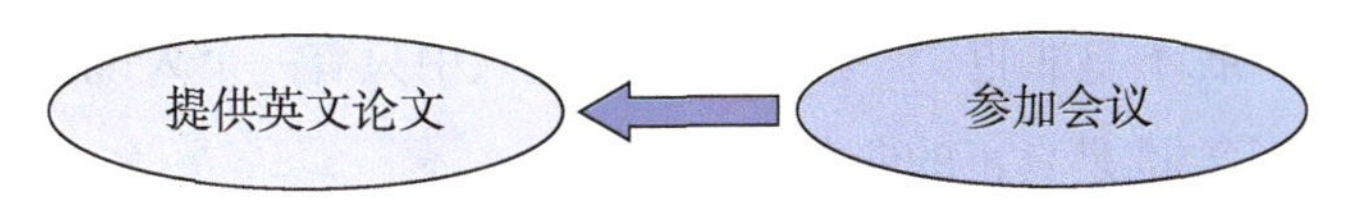

图3-1　提供英文论文是参加会议的必要而非充分条件

图3-1的意思是：参加会议就意味着教授提供了英文论文，而即便提供了英文论文也不一定代表就能参加会议（因为还要经专家审查通过）。

雷格教授只提供了德文学术报告，因此是没有资格参加会议的。

那么哈克教授和马斯教授是否参加会议呢？通过已知信息可以知道：如果哈克教授参加这次大会，那么马斯教授一定参加。那么马上就能推导出结论：如果马斯教授不参加会议则哈克教授也不参加会议，这是因为原命题为真，其逆反命题亦为真。

假设：命题A=哈克教授参加这次大会；命题B=马斯教授参加这次大会

则根据已知：$A \rightarrow B$为真命题

因此：$\neg B \rightarrow \neg A$一定为真命题

其实仔细想一下就很容易理解了，假设马斯教授不参加大会而哈克教授参加了大会，则马斯教授又一定参加大会（因为哈克教授参加了大会），这样就会产生矛盾。逻辑推理的前提是不能产生逻辑矛盾，因此这个假设一定是错误的。所以我们可以得出结论：如果马斯教授不参加会议则哈克教授也不参加会议。

又因为已知信息告诉我们：哈克教授、马斯教授和雷格教授至少有一个人参加了这次大会。所以，我们可以得出最终结论：马斯教授一定参加大会。这是因为从上面的推论中已经知道：（1）雷格教授不参加大会；（2）如果马斯教授不参加会议则哈克教授也不参加会议。所以，如果马斯教授不参加大会就没人参会了，但这与三教授至少有一个人参加了这次大会的已知条件相矛盾，因此，马斯教授一定参加了这次大会。

3.2 珠宝店的盗贼

一家珠宝店的珠宝被盗，经查可以肯定是甲、乙、丙、丁中的某一个人所为。审讯中，甲说：“我不是罪犯。”乙说：“丁是罪犯。”丙说：“乙是罪犯。”丁说：“我不是罪犯。”经调查证实四人中只有一个人说的是真话。请问谁说的是真话？谁是真正的罪犯？

分析

这类逻辑推理问题大都可以用假设的方法，如果推导出矛盾就可以断定假设是错误的，这样逐一排除，最终推导出正确的结论。

从题目中给出的条件，我们可以得到以下确认的信息：

- 珠宝店被盗一定是甲、乙、丙、丁中的某一个人所为；
- 甲、乙、丙、丁四人中只有一个人说的是真话。

另外还有不确认的甲、乙、丙、丁四人的供词：

- 甲说：“我不是罪犯。”
- 乙说：“丁是罪犯。”
- 丙说：“乙是罪犯。”
- 丁说：“我不是罪犯。”

我们就根据以上的信息，从甲、乙、丙、丁四人的供词出发，逐一假设推断，找出真正的珠宝店盗贼。

（1）假设甲说的是真话：

那么根据确认的已知条件可以得出：乙、丙、丁都在说谎。则有：

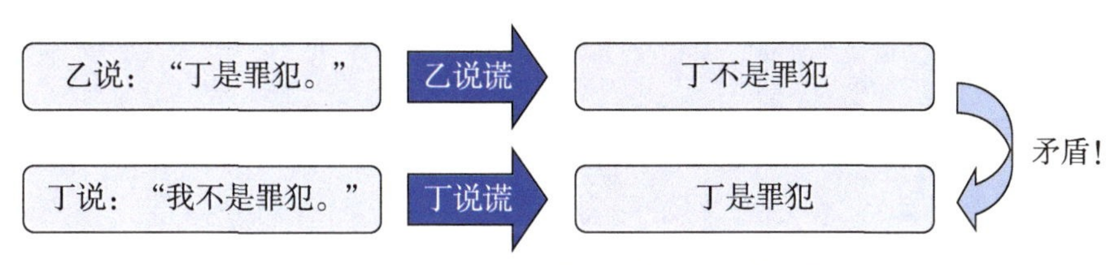

图3-2　假设"甲说的是真话"推出矛盾的过程

显然甲说的是谎话。

（2）假设乙说的是真话：

那么根据确认的已知条件可以得出：甲、丙、丁都在说谎。则有：

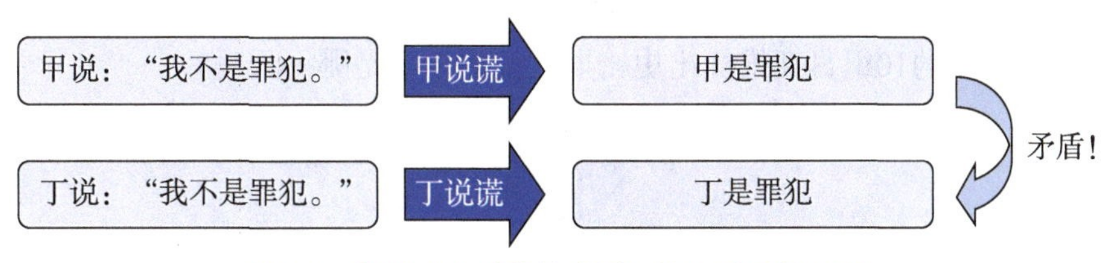

图3-3　假设"乙说的是真话"推出矛盾的过程

因为确认的已知条件中说：珠宝店被盗一定是甲、乙、丙、丁中的某一个人所为。所以，甲和丁不可能都是罪犯，因此推出矛盾，这说明乙也在说谎。

（3）假设丙说的是真话：

那么根据确认的已知条件可以得出：甲、乙、丁都在说谎。则有：

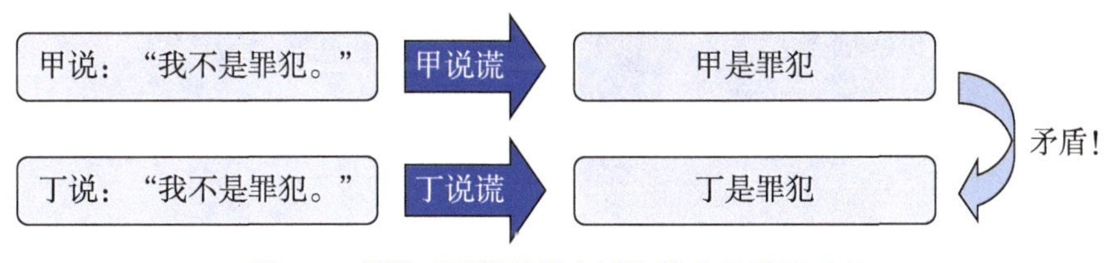

图3-4　假设"丙说的是真话"推出矛盾的过程

显然又推出了矛盾，所以丙也在说谎。

因此只有丁说的是真话。

那么谁是真正的罪犯呢？其实这个答案一开始我们就可以得到了。从推断（1）中我们得知甲在说谎，因此甲说的“我不是罪犯”就是假话了，所以可以证明甲就是罪犯。

3.3 史密斯教授的生日

史密斯教授的生日是m月n日，杰瑞和汤姆是史密斯教授的学生，二人都知道史密斯教授的生日为下列10组日期中的一天。史密斯教授把m值告诉了杰瑞，把n值告诉了汤姆。史密斯教授开始问他们是否猜出了自己的生日是哪一天。杰瑞说：我不知道，但是汤姆肯定也不知道；汤姆说：本来我不知道，但是现在我知道了；杰瑞说：哦，原来如此，我也知道了。你能根据杰瑞和汤姆的对话及下列的10组日期推算出史密斯教授的生日是哪一天吗？

3月4日 3月5日 3月8日

6月4日 6月7日

9月1日 9月5日

12月1日 12月2日 12月8日

分析

这是一道很有意思的逻辑推理题。要解决这个题目，我们需要从汤姆和杰瑞的对话以及给出的这10组日期入手。

已知史密斯教授把m值告诉了杰瑞，把n值告诉了汤姆，所以杰瑞掌握了教授生日的月份，即3，6，9，12中的一个。而汤姆掌握了教授生日的日期，即4，5，8，7，1，2中的一个。下面我们逐一分析汤姆和杰瑞的对话。

（1）杰瑞说：我不知道，但是汤姆肯定也不知道；

杰瑞说："我不知道"，这个看起来很正常，因为他只掌握教授生日的月份，而这10组生日中包含了3，6，9，12这4个月份，而且每个月份的日期至少有2个，因此，杰瑞不可能仅通过已知的月份m就能推断出教授的生日。但是，重点在于杰瑞说："但是汤姆肯定也不知道"。这说明了一个重要信息——教授生日的月份一定不是6月和12月。这是为什么呢？因为汤姆掌握的是教授生日的日期n，而仔细观察这10组生日你会发现，只有6月7日和12月2日这两个生日中日期数7和2是唯一的，其他生日的日期数都有重复，即3月4日和6月4日，3月5日和9月5日，3月8日和12月8日，9月1日和12月1日。如果杰瑞拿到的m值为6或12，那么一旦汤姆拿到的n值为7或2，则汤姆马上就能猜出教授的生日。正是因为杰瑞拿到的月份数m不是6或12，他才能断定汤姆拿到的n值一定不是7或2，因此他肯定也不知道教授的生日。

初步结论1：史密斯教授的生日的月份一定不是6月和12月。

（2）汤姆说：本来我不知道，但是现在我知道了；

由杰瑞的一句话我们可推论出教授的生日只可能是3月4日，3月5日，3月8日，9月1日，9月5日这5个生日之中的一个。

汤姆当然也能想到这一点，但是汤姆比我们知道的更多，因为他知道教授生日的日期数n。因为汤姆说："本来我不知道，但是现在我知道了"，可以证明教授的生日日期数一定不是5，因为3月5日和9月5日在日期数上面有重复，如果m值为5，汤姆无法断言“我知道了”。

初步结论2：史密斯教授的生日日期数一定不是5日。

这样可推论出教授的生日只可能是3月4日，3月8日，9月1日这3个生日中的一个。

（3）杰瑞说：哦，原来如此，我也知道了。

杰瑞此时也一定知道了教授的生日只可能为上面这3个生日其中之一，但是杰瑞比我们知道的更多，因为他知道教授生日的月份数m。这时杰瑞说：“我也知道了”，就说明史密斯教授的生日只可能是9月1日，即m值为9。因为如果杰瑞手中的m值为3，他就无法确定是3月4日还是3月8日。

最终结论：史密斯教授的生日为9月1日。

纵观整个推理过程，我们发现杰瑞和汤姆的每一次对话都包含了大量的信息，通过他们的对话可以推导出一定的结论，从而缩小了问题答案的范围。在每一次“初步结论”的基础上再进行下一次的推导，这样一步一步地逼近问题的最终答案。

3.4 歌手、士兵、学生

甲、乙、丙三个人，一个是歌手，一个是大学生，一个是士兵，已知丙的年龄比士兵大，大学生的年龄比乙小，而甲的年龄和大学生不一样。

请问甲、乙、丙三人的职业各是什么？

分析

要判断甲、乙、丙三个人的职业，就要从题目中给出的已知条件入手，使用逐一排除的方法，最终确定三人的身份。题目中给定的已知条件看似杂乱无章，但是只要逐条分析，就能从中找出有用的信息，进而排除干扰因素确定三人的职业。我们下面就根据已知条件逐条进行分析。

丙的年龄比士兵大。→说明丙不是士兵，他是歌手或者是大学生。

大学生的年龄比乙小。→说明乙不是大学生，他是歌手或者是士兵。

甲的年龄和大学生不一样。→说明甲不是大学生。

以上是我们推导出的最基本的结论。下面把以上推导的结论用表3-1来总结。

表3-1　初步推导的结论

	歌手	大学生	士兵
甲	√	×	√
乙	√	×	√
丙	√	√	×

只要画出这个表格，我们马上就能推导出丙一定是大学生，否则就没有人是大学生了。现在我们要分析甲和乙谁是歌手，谁是士兵。

我们再从已知条件入手进一步分析。

因为已知条件中一直在说明各自的年龄关系，所以，我们就要从年龄的关系入手找出线索。

丙的年龄比士兵大。→说明大学生的年龄比士兵大。

大学生的年龄比乙小。→说明乙的年龄最大，大学生的年龄次之，士兵的年龄最小。

只要从上面这两个推导就可以得知乙一定是歌手，而甲一定是士兵。

所以结论是：甲是士兵，乙是歌手，丙是大学生。

其实我们在推导出“丙一定是大学生”之后，还可以应用排除法继续推导甲和乙的职业。在逻辑推理中，先假设一个命题（结论），再推导出矛盾是一种常用的推理手段。

假设甲是歌手，乙是士兵。因为丙的年龄比士兵大，所以大学生的年龄比士兵大；因为大学生的年龄比乙小，所以大学生的年龄比士兵小；这显然是一对矛盾，因此假设是错误的，乙不可能是士兵。这样就能得出结论：甲是士兵，乙是歌手，丙是大学生。

3.5 天使和魔鬼

相传通往天堂的必经之路上有一个双叉路口，一条路可以让人如愿步入天堂，另一条路则通向十八层地狱。在双叉路口中间有一对精灵，他们有着相同的相貌，但截然相反的内心，一个是天使，另一个是魔鬼。对于过往的人，天使总说真话，魔鬼总说假话。如果你是过路的人，在分不清天使与魔鬼，并且只能问某一个精灵一个问题的情况下，如何提问才能正确找到通往天堂的路？

如果有五个精灵，一个是天使，四个是魔鬼，天使总说真话，魔鬼总是真话和假话交替着说，也就是说，如果这次讲了真话，那么下次就讲假话，如果这次讲了假话，下次就讲真话。如果你是过路的人，在分不清天使与魔鬼，并且只能问两个问题的情况下（两个问题可以问同一个精灵也可以分别问不同的两个精灵），如何提问才能把天使找出来？

分析1

第一个问题相对比较简单，只要问任意一个精灵，“如果我去问另一个精灵，对方会告诉我哪条路通往天堂？”，这个问题的答案必然是通往地狱的路，只要走相反的路就会前往天堂了。

我们深入分析一下这个问题里面蕴含的逻辑。首先提问的时候，我不知道是在向天使提问还是向魔鬼提问。首先假设我们向天使提问，那么我们的问题就转换成“魔鬼会告诉我哪条路通往天堂”，由于天使一定说真话，因此天使就会正确地告诉我魔鬼会说什么，也就是说我获得的结果是通往地狱的路。我们可以将这种情况简单地总结为一真一假，最后的结果就是假。

我们再看看另一种情况。假设我们向魔鬼提问，那么我们的问题就转换成“天使会告诉我哪条路通往天堂”，由于魔鬼一定说假话，因此魔鬼就会错误地告诉我们天使会说什么，也就是说我获得的结果是通往地狱的路。我们仍然可以将这种情况简单地总结为一真一假，最后的结果就是假。

由于只包含上述两种情况，所以，无论是向天使提问还是向魔鬼提问，我们所得到的答案都是通往地狱之路，也就是“假”，因此，我们走另一条路就可以到达天堂。

分析2

这个问题稍微复杂一些，首先要问任意一个精灵“你是天使吗”，如果得到的答案是肯定的，继续问这个精灵“谁是天使”，如果得到的答案是否定的，继续问这个精灵“谁不是天使”。听起来有点让人摸不着头脑吧，我们分析一下两个问题的答案及其内在联系，就能理清其中的脉络了。

首先还要再强调一下，天使是说真话的，魔鬼是真话假话交替说的，因此我们的问题都可以分别转换成“你是一直说真话的那个精灵吗”、“谁是一直说真话的精灵”、“谁不是一直说真话的精灵”。这样更有益于分析问题，便于理解。

当提问“你是天使吗”的时候，我们无非会得到两种答案，一种表示肯定，一种表示否定。如果得到的答案是肯定的，要么是天使在说真话，要么是魔鬼在说假话，无论哪种情况，下一个问题天使和魔鬼都会说真话，因为天使一直都会说真话，而魔鬼由于刚刚说了假话，那么下一个问题也会说真话。这时候如果直接提问“谁是天使”，肯定会获得正确的答案，也就是能找到天使。

如果得到的答案是否定的，由于天使一直说真话，因此不可能是天使，那么就只有一种可能，就是魔鬼在说真话，那么，下一个问题魔鬼必然要说假话。这时候如果直接提问“谁是魔鬼”，肯定会获得错误的答案，也就意味着魔鬼必然会指向一直说真话的天使，因此也能正确找到天使。

3.6 爱因斯坦的难题

相传大科学家爱因斯坦在上个世纪初期曾经给自己的学生出过一道题，用来检验学生的逻辑推理能力。爱因斯坦认为，相对于当时人们的逻辑推理能力而言，大约只有10%的人能够给出问题的正确答案。现在我们赶快来看看这道近乎被神话了的逻辑题到底是什么，自己是不是属于那10%的聪明人。

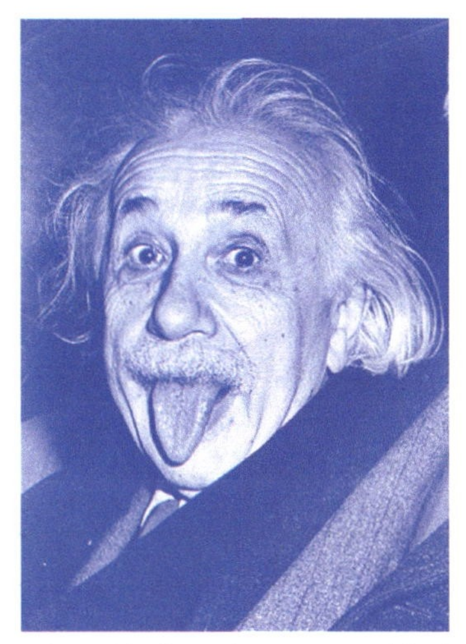

在一条街上有五栋公寓，外墙刷成五种不同的颜色，每栋房子里住着不同国籍的人，每个人喜欢抽不同品牌的香烟，喝不同类别的饮料，饲养不同种类的宠物。根据以下15个提示，推理出谁的宠物是鱼。

01. 英国人住红色公寓。

02. 瑞典人养狗。

03. 丹麦人喝红茶。

04. 绿色公寓在白色公寓左面。

05. 绿色公寓主人喝咖啡。

06. 抽长红香烟的人养鸟。

07. 黄色公寓主人抽登喜路香烟。

08. 住在中间公寓的人喝牛奶。

09. 挪威人住第一间公寓。

10. 抽混合香烟的人住在养猫的人隔壁。

11. 养马的人住抽登喜路香烟的人隔壁。

12. 抽蓝狮香烟的人喝啤酒。

13. 德国人抽王子香烟。

14. 挪威人住蓝色公寓隔壁。

15. 抽混合香烟的人有一个喝白水的邻居。

分析

初看这个问题给大多数人的第一感觉就是一团乱麻，条件太多以至于理不出个头绪，不知道应该如何下手。遇到这类逻辑问题，我们只要搞清问题的实质，就能捋顺整个脉络。针对这个问题，实质就是找出五栋公寓、五种颜色、五个国籍、五种香烟、五种饮料、五种宠物之间的对应关系，因此我们很自然地就把问题转换为对表3-2的求解，当把表中的内容填充完毕之后，问题答案自然迎刃而解。

表3-2　爱因斯坦问题表格的初始状态

编号	一	二	三	四	五
颜色					
国籍					
香烟					
饮料					
宠物					

表3-2中横向编号为五栋公寓的号码，纵向依次为“颜色”、“国籍”、“香烟”、“饮料”、“宠物”这5个信息。我们看上述15个条件中绝大多数都无法直接填入表中。比如德国人抽王子香烟，由于既不知道德国人住在几号公寓，又不知道几号公寓的主人抽王子香烟，因此该条件暂时无法直接使用。但是通过细心观察，我们发现其中有两个条件是可以直接向表中填入数据的，这两个条件是“08.住在中间房子的人喝牛奶”和“09.挪威人住第一间房”。因此通过第一步，表中数据如下。

表3-3　第一步推理后的结果

编号	一	二	三	四	五
颜色					
国籍	挪威				
香烟					
饮料			牛奶		
宠物					

通过已经填入表中的数据，我们可以根据条件进一步推理得到更多的数

据。下面考虑条件“14.挪威人住蓝色房子隔壁”，由于挪威人已经确定住一号公寓，我们不考虑一条街上五栋公寓围成一个圈的情况，也就是说一号公寓的隔壁只有二号公寓，因此蓝色房子的必然是二号公寓。更新表中数据。

表3-4　第二步推理后的结果

编号	一	二	三	四	五
颜色		蓝			
国籍	挪威				
香烟					
饮料			牛奶		
宠物					

我们继续进行推理，由于二号公寓是蓝色，根据条件“04.绿色房子在白色房子左面”可知，绿色公寓要么是三号，要么是四号；又由于三号公寓的主人喝牛奶，根据条件“05.绿色房子主人喝咖啡”可以排除绿色公寓是三号的可能，因此绿色公寓只能是四号，那么白色公寓就是五号。

现在没有确定颜色公寓只剩下一号和三号，由于挪威人住一号公寓，根据条件“01.英国人住红色房子”可以确定，三号公寓的颜色是红色，并且住着英国人，最后剩下的黄色属于一号公寓。至此我们已经把所有公寓的颜色都确定了，这是整个逻辑推理解题过程中具有里程碑意义的一步。

再根据条件“07.黄色公寓主人抽登喜路香烟”可以直接推出一号公寓的主人抽登喜路，进一步根据条件“11.养马的人住抽登喜路香烟的人隔壁”可以推出二号公寓的主人养马。我们继续更新表中数据。

表3-5　第三步推理后的结果

编号	一	二	三	四	五
颜色	黄	蓝	红	绿	白
国籍	挪威		英国		
香烟	登喜路				
饮料			牛奶	咖啡	
宠物		马			

根据条件“12.抽蓝狮香烟的人喝啤酒”我们知道蓝狮香烟和啤酒是成对

出现的，在表中只有二号公寓和五号公寓的香烟和饮料均未填充，因此只能是二号公寓或五号公寓的主人抽蓝狮香烟喝啤酒。假设我们选择二号公寓，那么，会与条件“15.抽混合香烟的人有一个喝水的邻居”产生矛盾，因为混合香烟无论放在三号公寓、四号公寓还是五号公寓都无法与喝水的主人做邻居，因此，只能是五号公寓的主人抽蓝狮香烟喝啤酒，而二号公寓的主人抽混合香烟，一号公寓的主人喝白水，最后剩下的红茶属于二号公寓。

根据条件“03.丹麦人喝红茶”可以直接推出到丹麦人住二号公寓。根据条件“13.德国人抽王子香烟”可以推出德国人入住四号公寓，并且抽王子香烟。最后剩下的瑞典人住五号公寓，同理也可以推出三号公寓的主人抽长红香烟。我们继续更新表中数据。

表3-6　第四步推理后的结果

编号	一	二	三	四	五
颜色	黄	蓝	红	绿	白
国籍	挪威	丹麦	英国	德国	瑞典
香烟	登喜路	混合	长红	王子	蓝狮
饮料	白水	红茶	牛奶	咖啡	啤酒
宠物		马			

我们已经把除了宠物之外的所有事项都推理出来，答案已经近在咫尺。根据条件“02.瑞典人养狗”可以推出五号公寓的主人养狗；根据条件“06.抽长红香烟的人养鸟”可以推出三号公寓的主人养鸟；根据条件“10.抽混合香烟的人住在养猫的人隔壁”可以推出一号公寓的主人养猫，因此，最后剩下的鱼属于四号公寓的主人饲养。至此，我们已经将表中所有数据填充完毕。

表3-7　最终推理结果

编号	一	二	三	四	五
颜色	黄	蓝	红	绿	白
国籍	挪威	丹麦	英国	德国	瑞典
香烟	登喜路	混合	长红	王子	蓝狮
饮料	白水	红茶	牛奶	咖啡	啤酒
宠物	猫	马	鸟	鱼	狗

我们回归最初的爱因斯坦问题，根据我们的推理结果可知，四号公寓主人的宠物是鱼。通过整个推理过程不难看出，看似纷繁复杂的问题经过抽丝剥茧，通过已知条件一层层地推理，答案就会一步步浮出水面，只要掌握了推理问题的方法，你也能成为那10%的聪明人！

3.7 博彩游戏中的决策

现在市面上形形色色的博彩游戏充斥着人们的眼球。这里既有令人心跳加快的刺激和赌注，也不乏种种陷阱和机关。我们在玩这种游戏时应当如何决策呢？到底要不要继续玩下去，还是“悬崖勒马”或者“见好就收”？我们来看下面这个例子。

有一种博彩游戏的规则如下：

首先参与者要付20元人民币，然后从数量比例为4:6的白球和红球中随机摸一个球，并决定是否继续玩。如果继续玩的话需要再支付30元人民币，然后进入到游戏的第二阶段。如果刚才摸到的是红球，就从红瓶子中再摸一球；如果刚才摸到的是白球，就从白瓶子中再摸一球。已知白瓶子中有蓝球和绿球，比例是7:3，红瓶子中也有蓝球和绿球，比例是1:9。如果最终参与者摸到了蓝球，则可以获得100元奖金；如果摸到的是绿球，或者中途退出游戏，则不会得到奖金。如果你是游戏的参与者，你会怎样玩这个博彩游戏呢？

分析

我们有时真的会被这种博彩游戏繁冗的规则弄得眼花缭乱，从而失去判断，认为一切都是运气，没有规律可寻。其实事实并非如此。只要我们认真分析这个游戏的规则和步骤，便可以从中找到规律。我们可以用一种叫做“决策树（Decision Tree）”的工具帮助我们决策是否应当玩这个游戏，怎样玩这个游戏胜算最高。

决策树是一种树状的分析图，它是在已知各种情况发生概率的基础上，通过求取图中每个结点的期望值来评估项目风险、判断其可行性的决策分析方法。因此使用决策树分析法的前提是知道每个事件发生的概率。对于例子中描述的这个博彩游戏，每一步要做的就是从瓶子中“摸球”，而各种颜色的球数比例是已知的，因此摸到某种颜色小球的概率也是已知的，所以，我们可以应用决策树来进行分析。

在介绍决策树之前，我们首先来了解一下决策树中的一些符号。

方块符号“□”：称为决策点，它表示当前有两种或者两种以上的策略可供选择。

三角符号“Δ”：称为决策终点，它表示决策已完成。

圆圈符号“○”：称为状态点，它表示可能出现两种或者两种以上的可能性，但是与决策点不同的是，这种可能性并不是人为（决策者）选择的，而是由概率等因素影响的。

了解以上符号，我们就可以将例子中描述的博彩游戏的决策树画出来。如图3-5所示。

图3-5画出了这个博彩游戏的决策树。树根结点A是一个决策点，表示需要决策者选择是否要玩这个游戏。如果选择不玩这个游戏，则进入到一个决策终点Δ，连线上的0表示这种选择下消耗的代价为0，即不用支付任何费用，那

么，决策终点旁边的0就表示最终的收益为0。如果选择玩这个游戏并进行第一次摸球，则进入状态点B，这里用○表示。连线上的-20表示这种选择下消耗的代价为20，即需要支付20元。在状态点B上要从混有红球和白球的瓶子中摸球。已知白球和红球的比例为4:6，所以摸到白球的概率为0.4，摸到红球的概率为0.6。

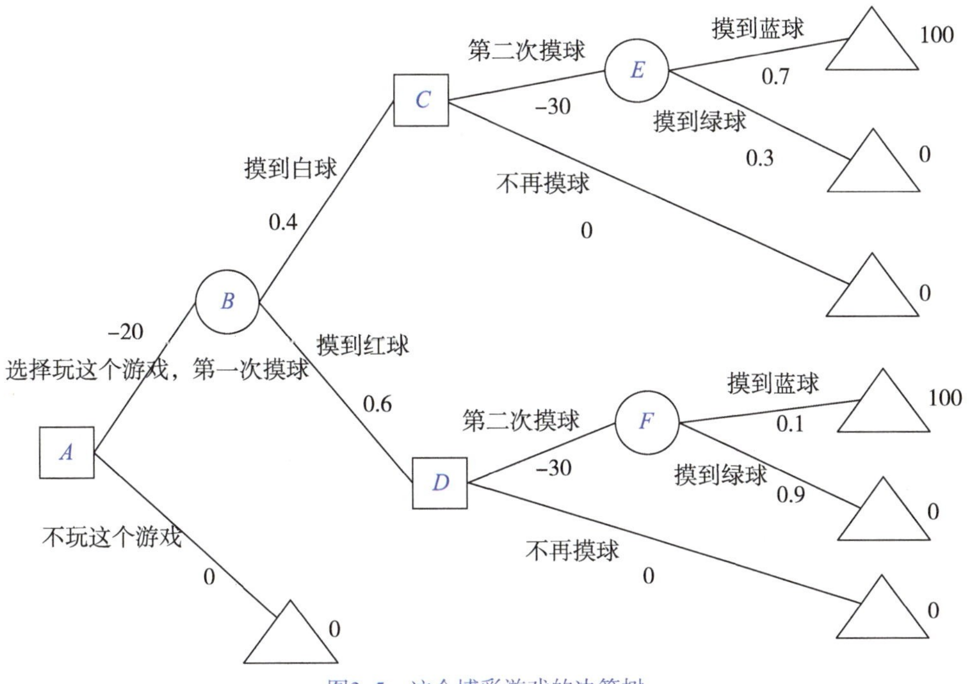

图3-5　这个博彩游戏的决策树

如果摸到的是白球，则进入决策点C，此时需要决策者选择是否继续玩下去，也就是进行第二次摸球。此时如果决策者选择不再摸球，则直接进入决策终点，这样不会有任何收益。如果决策者选择继续摸球，则需要支付30元并进入状态点E，此时要从白瓶中摸球。已知白瓶中蓝球和绿球的比例为7:3，因此摸到蓝球的概率为0.7，摸到绿球的概率为0.3。如果摸到了蓝球，收益为100元，如果摸到绿球，收益为0元。

同理，如果第一次摸球摸到的是红球，则进入决策点D，后续的画法跟上面描述的一样，在此不再赘述。

我们通过图3-5所示的决策树便可以清晰地了解到这个博彩游戏的各种选择分支及每一步骤，并能清楚地知道每种情况下收益及支出的多少。接下来我们就可以通过这棵决策树来分析每种选择下的收益期望，从而为我们的决策提供支持。我们总是从决策树的叶结点向根结点反推。推导过程如图3-6所示。

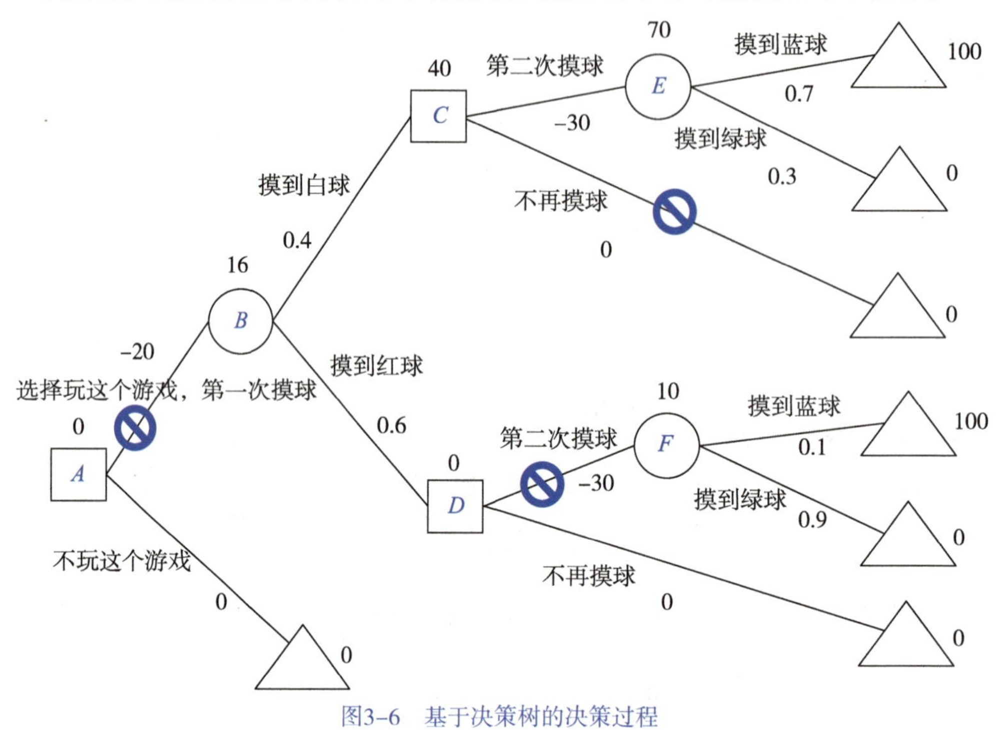

图3-6　基于决策树的决策过程

图3-6给出了决策树的决策过程，下面我们具体分析一下。

如果第一次摸到了白球，同时选择了第二次摸球，并幸运地摸到了蓝球，那么按照游戏规则参与者可以赢得100元奖金。但是这个概率只有0.7，另外有0.3的可能摸到绿球而一无所得，因此，综合考量状态点*E*的期望收益为$100\times0.7+0\times0.3=70$元，在状态点*E*旁边标注其期望收益为70。又知如果选择第二次摸球，则需要支付30元，这样选择第二次摸球的期望收益就是$70-30=40$元；如果选择第二次不摸球，不需要支付任何费用，但收益为0元；在决策点*C*处应选择期望收益高的分支，而“剪掉”期望收益低的分支，因此，我们应当选择第二次摸球，并在决策点*C*旁边标注其期望收益为40。

如果第一次摸到了红球，同时选择了第二次摸球，并幸运地摸到了蓝球，那么按照游戏规则参与者可以赢得100元奖金。但是这个概率只有0.1，另外有0.9的可能摸到绿球而一无所得，因此，综合考量状态点F的期望收益为$100\times0.1+0\times0.9=10$元，在状态点$F$旁边标注其期望收益为10。又知如果选择第二次摸球，则需要支付30元，这样选择第二次摸球的期望收益就是$10-30=-20$元；如果选择第二次不摸球，不需要支付任何费用，但收益为0元；在决策点D处应选择期望收益高的分支，而“剪掉”期望收益低的分支，因此，我们应当选择第二次不摸球，并在决策点D旁边标注其期望收益为0元。

求解出决策点C的期望收益为40元，决策点D的期望收益为0元，我们就可以求出状态点B的期望收益。因为第一次摸球摸到白球的概率为0.4，摸到红球的概率为0.6，所以状态点B的期望收益就是$40\times0.4+0\times0.6=16$元。又知如果选择第一次摸球，则需要支付20元，这样选择第一次摸球的期望收益就是$16-20=-4$元；如果选择第一次不摸球，不需要支付任何费用，但收益为0元；在决策点A处应选择期望收益高的分支，而“剪掉”期望收益低的分支，因此我们应当选择第一次不摸球，并在决策点A旁边标注其期望收益为0。

通过决策树的计算我们知道这个博彩游戏是“不靠谱”的，虽然可能会有些运气极佳的人摸到蓝球而得到100元奖金，但这一定是凤毛麟角的，因为平均下来玩这个游戏的玩家每人会赔掉4元人民币。看来只要我们懂得这些博彩游戏的规则，并应用数学的工具去分析它，就能从中找出破绽，从而避免上当受骗。

3.8 牛奶厂的生产计划

随着生活水平日益提高，人们对自身的营养与健康更加重视，牛奶及奶制品的需求量也随之增加。因为新鲜的牛奶难以保存，所以许多厂商会把牛奶加工成各种奶制品，这样不但可以延长牛奶的保质期，还可以增加销售的利润。但是对于牛奶厂商来说，如何制定生产计划成为一个棘手的问题。多少牛奶用于直销？多少牛奶制成奶制品？下面这个例子或许可以帮你解决这个问题。

牛奶厂现有9吨的牛奶存量，若在市场上直销这种鲜牛奶，每吨可获利500元，如果制成酸奶再销售，每吨可获利1 200元，如果进行深加工制成奶糖销售，每吨可获利2 000元。牛奶厂的生产能力是：如果生产酸奶，每天可加工3吨牛奶；如果制成奶糖，每天只能加工1吨牛奶。由于设备限制，两种加工方式不可同时进行，并且要求4天之内全部销售或加工完这批牛奶。请问你有什么好办法帮助这个牛奶厂处理完这批牛奶？要求利润尽量高。

分析

对于这类制定生产计划的问题，我们可以先罗列出每一种可能的方案，然后分别计算每种方案可获得的利润，从中选出利润最高方案作为最终的结果。

对于本例题，牛奶厂的生产计划无外乎包括以下几种：

- 方案一：不需要加工，销售全部鲜奶；
- 方案二：全部牛奶用来制造酸奶；
- 方案三：尽量多地制成奶糖，其他的鲜奶直接销售；
- 方案四：在4天时间内一部分牛奶制成奶糖，一部分制成酸奶。

由于该工厂每天只能加工1吨牛奶制造奶糖，所以如果将全部的牛奶用来制造奶糖，显然4天之内是无法加工完这批牛奶的，所以“全部牛奶用来制造奶糖”的方案不能作为备选方案。

下面就对上述4种方案一一进行评估，看看哪种方案获得的利润最高。

如果不需要加工，销售掉全部鲜奶，这是最简单的做法，这样可获利500×9=4 500元。

如果全部牛奶用来制造酸奶，那么9吨牛奶可在3天内加工成酸奶，总利润为1 200×9=10 800元。

如果尽量多地制成奶糖，其他的鲜奶直接销售，那么，需要加工4吨牛奶制造奶糖，其余的5吨牛奶直接销售。按照这种方案，总利润为2 000×4+500×5=10 500元。

如果在4天时间内一部分牛奶制成奶糖，一部分制成酸奶，这样可以假设用x吨的牛奶加工奶糖，用y吨的牛奶加工酸奶，根据题目的已知条件可以列出以下的方程组：

$$\begin{cases} x+y=9 \\ \dfrac{x}{1}+\dfrac{y}{3}=4 \end{cases}$$

解得x=1.5，y=7.5，也就是说，用1.5吨的鲜牛奶加工奶糖，用剩余的7.5吨鲜牛奶加工酸奶，这样可以保证在4天之内全部加工完。而这种方案获得的总利润为1.5×2 000+7.5×1 200=12 000元。

综上所述，比较各种生产计划的总利润，方案四>方案二>方案三>方案一。所以，该牛奶厂应当选择第四种方案安排生产。

这里需要强调一点，题目中指出的牛奶、酸奶、奶糖每吨销售利润应当是减去全部成本的净利润。这个成本不但包括牛奶自身的成本，还要包括生产工艺的成本、人力成本、时间成本等诸多成本因素。例如，如果直接销售鲜奶而不做任何加工，这个成本就只包含牛奶自身的成本以及销售的人力成本；而如果制成奶糖再销售，这个成本还要再加上生产工艺的成本以及时间成本等。所以，题目中给出的每吨可获利润一定是销售价格减去这些成本得到的净利润才有意义。

另外，从这个题目的结果我们也可以得到这样一个结论：仅靠出售原材料获利的产业，其利润率一定是最低的，深加工比重越大的产业，其利润率也会越高。这也从一个侧面说明了我国不断推动从粗放型产业向集约型产业的转型，调整经济结构、优化产业结构和转变经济增长方式的政策是利好的且符合科学发展。

3.9　决策生产方案的学问

当下市场竞争激烈，各个厂商都希望尽可能地减少生产成本，增加销售利润。但现实中有些问题也确实让人头痛，比如有的生产方案固定成本可能比较低，单个产品可变的成本却较高，这样少量生产确实划算，但大规模生产就可能导致成本过高。如何决策生产方案呢？实际生产中如何制定生产的数量呢？这些问题是厂商们需要考虑的重点。下面这个案例就是这样一个问题。

某食品厂要引进一条生产线生产一批食品，有两套引进方案可供选择。每种方案的固定投入（设备费用）以及随产量而增加的可变费用（人力、原料等费用）如表3-8所示。

表3-8　该工厂生产的固定投入及可变费用

费用	方案一	方案二
固定投入（万元）	30	60
可变费用（元/件）	12	10

如果你是该工厂的管理者，你怎样决策生产方案？

分析

从表3-8中我们能够看出，如果选择方案一，那么固定投入明显要比方案二小，但是随产量而增加的可变费用较多，也就是说，如果产量大到一定程度，总的费用可能超过方案二。相比之下，方案二的固定投入较多，但是生产单件产品的费用较方案一少2元，因此，如果产量足够大，这个优势会更加突出地展现出来。但是如果产量较小，则方案二可能投入的成本会更多。

以上只是简单的定性估计，食品厂当然不能仅靠这样的估计来决策生产方案。下面我们通过定量地分析进一步讨论该食品厂的生产方案。

设该工厂引进生产线的固定投入为C元，可变费用为生产每件产品花费V元。如果该工厂生产x件产品，总的成本投入为S：

$$S=C+Vx$$

将表3-8的具体数字代入该式中可得：

方案一：$S_1=300\ 000+12x$

方案二：$S_2=600\ 000+10x$

也就是说，每种方案对应的总成本投入曲线是不尽相同的。如果将这两条曲线画在同一坐标系中，可得到图3-7所示的图象。

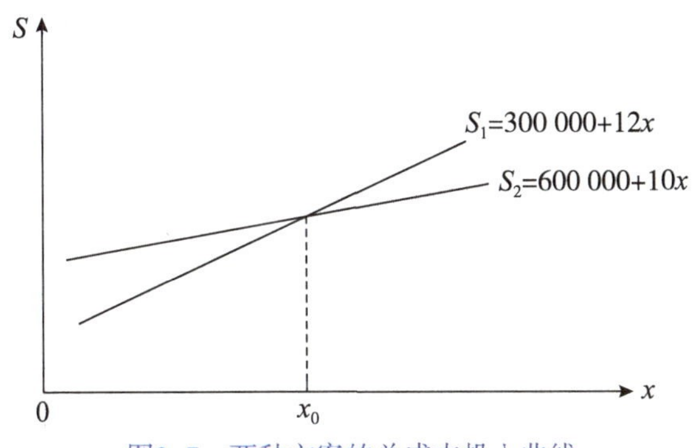

图3-7　两种方案的总成本投入曲线

从图3-7中可以看出曲线S_1的斜率较大（斜率为12），但截距较小（截距为300 000）；而曲线S_2的斜率较小（斜率为10），但截距较大（截距为

600 000）。因此对于总成本S_1来说，虽然它包含的固定成本较少，但会随着产量x的增加而较快地增长；相比之下，总成本S_2虽然包含的固定成本相对较多，但是随着产量x的增加其变化的速率较S_1慢。当产量达到x_0时，总成本S_1与S_2相等，产量小于x_0时S_1小于S_2，产量大于x_0时S_1大于S_2。

不难计算，x_0等于150 000。也就是说，当总产量小于150 000时方案一的总成本投入小于方案二的总成本投入；当总产量大于150 000时方案一的总成本投入大于方案二的总成本投入；当总产量恰好等于150 000时，方案一与方案二的总成本投入相等。

有了以上的计算分析，我们就不难决策该食品厂的生产方案。如果计划生产的总量比较小，则最好选择方案一进行生产。虽然单位产品的可变费用成本较高，但是固定投入较少，这样小量生产是比较划算的。相反，如果该产品比较紧俏，市场销量大，则最好采用方案二投入生产。虽然固定成本投入是方案一的两倍，但是生产过程中单位产品的可变费用成本较低，这样产量越大就越划算。

3.10 古人的决斗

相传古代有甲、乙、丙三个人，他们都认为自己的射箭技术十分了得，吹嘘自己天下无二、百步穿杨，实际上只有丙能够百发百中，另两人射中靶心的概率分别为30%和80%，但是为了赌一口气，口头上谁也不服谁，于是三个人决定较量一番。由于古代人的脾气相对暴躁，所以比赛的方式也比较血腥。

甲、乙、丙三个人轮流射箭，可以选择放弃射箭，也可以选择另外两个人中的任意一个作为靶心，如果箭穿哽嗓咽喉，作为靶心的人当即毙命，其余两个人则继续射箭。整个过程共进行两轮，如果两轮之后仍然没有被射死，就是天下第一，如果有两个人活着，则并列天下第一。作为射箭水平最差的甲，应该选择什么样的策略让自己存活的几率最大呢？

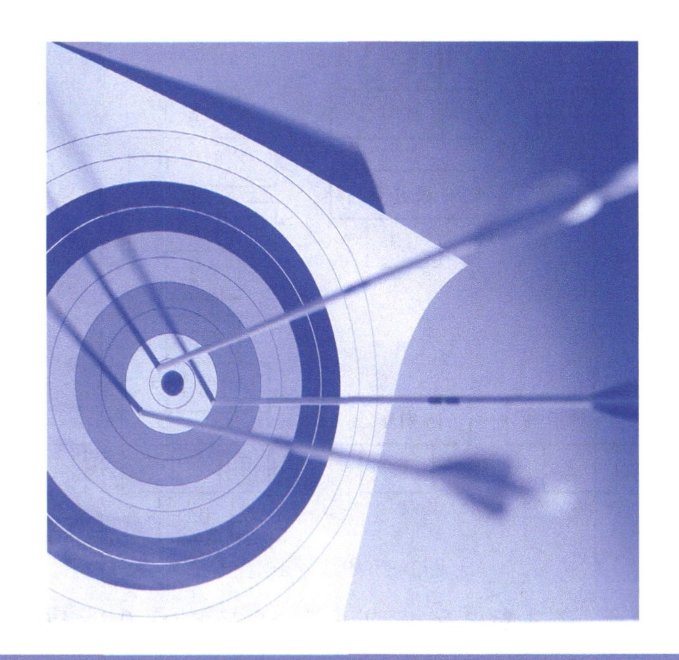

分析

我们首先分析一下乙和丙的心态。作为乙和丙来说，甲对于他们威胁最小，因为甲是射箭最不准的，因此双方第一轮都会选择把对方射死，最后第二轮再跟甲一决雌雄，这样胜算最大。经过这样分析之后，我们发现在第一轮中甲完全可以出于明哲保身的位置，让乙和丙两个人大打出手，自己坐享渔翁之利。这已经暗示我们甲在第一轮放弃射箭是一个最明智的选择，实际情况是这样吗?

我们回到对甲的所有选择进行分析。甲在第一轮中有三种选择：放弃射箭、射箭并选择乙作为靶心、射箭并选择丙作为靶心，我们分别计算一下三种选择情况下，甲在两轮之后存活的概率。

1. 放弃射箭

通过图3-8我们发现，有三种情况会使甲最后活下来，在图中已用粗线标出：

（1）甲放弃→乙射中丙→甲射中乙：$0.8\times0.3=0.24$；

（2）甲放弃→乙射中丙→甲未射中乙→乙未射中甲：$0.8\times0.7\times0.2=0.112$；

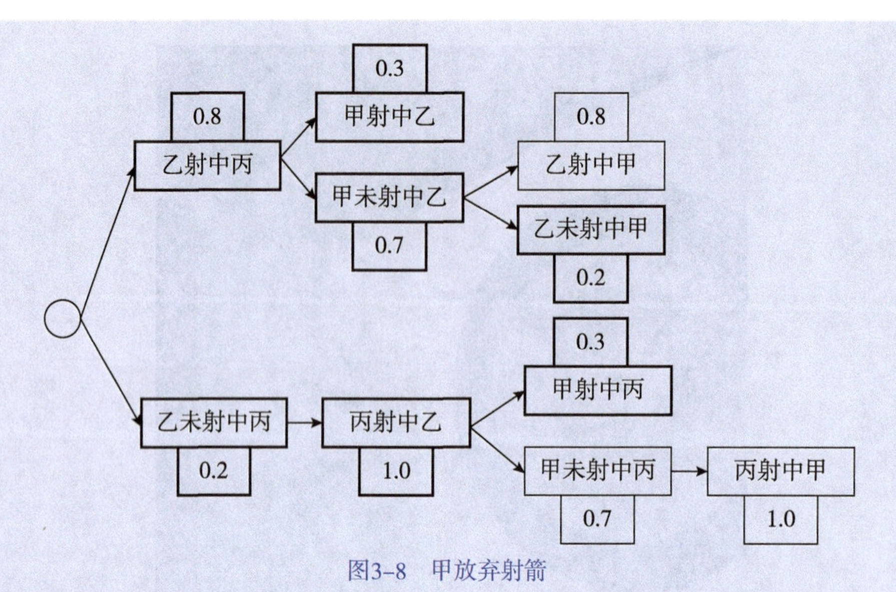

图3–8　甲放弃射箭

（3）甲放弃→乙未射中丙→丙射中乙→甲射中丙：0.2×1.0×0.3=0.06

如果甲在第一轮选择放弃射箭，最后存活下来的概率为41.2%。这对于甲来说似乎是一个不坏的数字，尤其是在自己射箭命中率只有30%比其他两位低很多的情况下，能取得如此的存活几率已经很难得了。

2. 射箭并选择丙做靶心

通过图3–9我们发现，有三种情况会使甲最后活下来，在图中已用粗线标出：

（1）甲射中丙→乙未射中甲→甲射中乙：0.3×0.2×0.3=0.018；

（2）甲射中丙→乙未射中甲→甲未射中乙→乙未射中甲：0.3×0.2×0.7×0.2=0.008 4；

（3）甲未射中丙→乙射中丙→甲射中乙：0.7×0.8×0.3=0.168；

（4）甲未射中丙→乙射中丙→甲未射中乙→乙未射中甲：0.7×0.8×0.7×0.2=0.078 4；

（5）甲未射中丙→乙未射中丙→丙射中乙→甲射中丙：0.7×0.2×1.0×0.3=0.042；

如果甲在第一轮选择将丙做靶心，最后存活下来的概率为31.48%。情况比放弃射箭的选择要糟糕，但实际上这还不是最糟糕的选择，我们继续往下看，看看最糟糕的情况下甲的存活概率是多少。

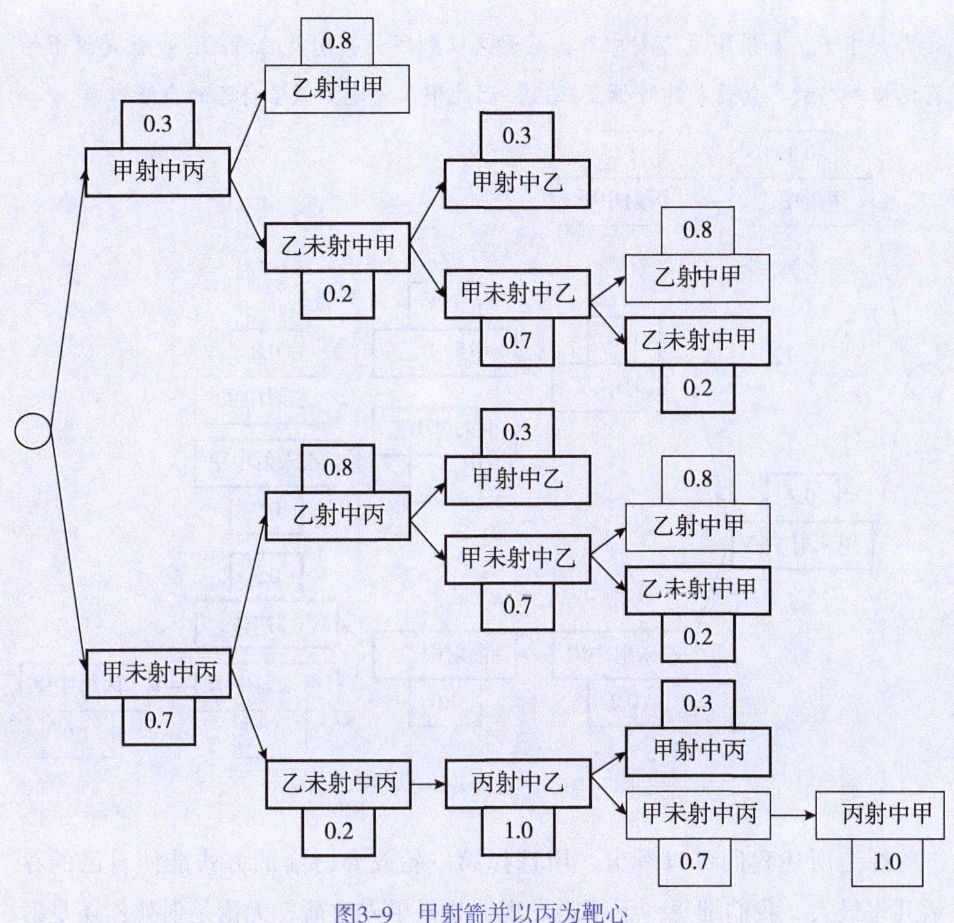

图3-9 甲射箭并以丙为靶心

3. 射箭并选择乙做靶心

通过图3-10我们发现，有三种情况会使甲最后活下来，在图中已用粗线标出：

（1）甲未射中乙→乙射中丙→甲射中乙：0.7 × 0.8 × 0.3=0.168；

（2）甲未射中乙→乙射中丙→甲未射中乙→乙未射中甲：0.7 × 0.8 × 0.7 × 0.2=0.078 4；

（3）甲未射中乙→乙未射中丙→丙射中乙→甲射中丙：0.7 × 0.2 × 1.0 × 0.3=0.042；

如果甲在第一轮选择将乙做靶心，最后存活下来的概率为28.84%。情况似乎很糟糕，原因在于一旦在第一轮甲射死乙，那么甲就必死无疑，因为丙一定会射中甲，如果甲没有射中乙，后面又回到甲放弃射箭的情况，也就是说甲的存活概率与放弃射箭相比降低了三成，因此甲人为地降低了自己的存活概率。

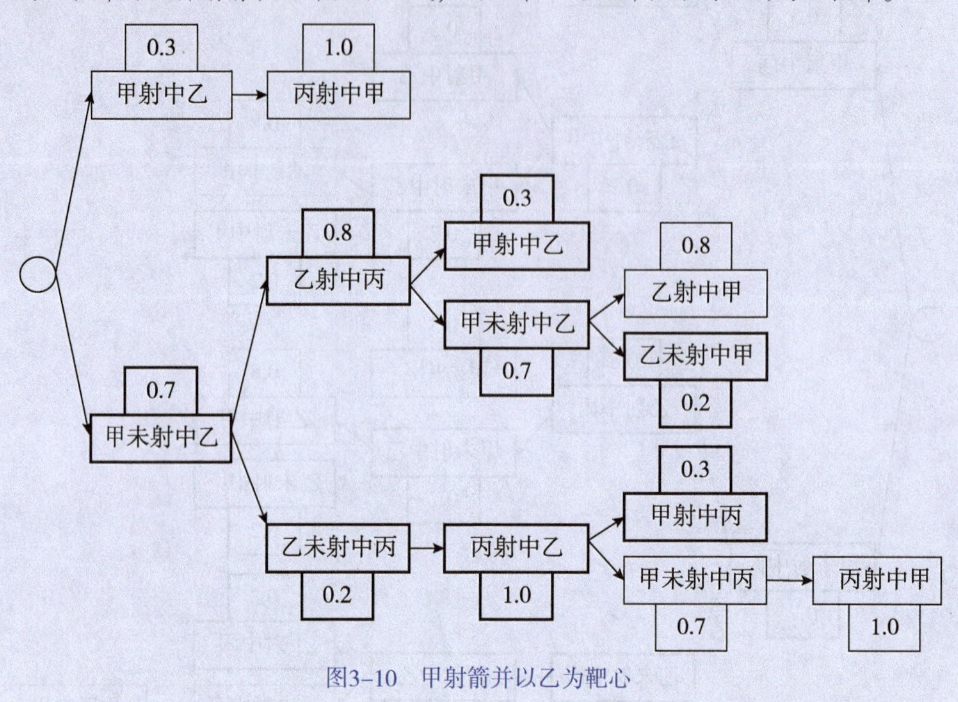

图3-10　甲射箭并以乙为靶心

综上所述我们可以看出，甲选择第一轮放弃射箭的方式能使自己的存活几率最大。我们细想一下不难发现，如果甲先放箭，无论是射死乙还是射死丙，都会轮到剩下的人先动手朝自己射箭，而对方射中的概率高达80%和100%，因此死亡的几率非常高。明智的选择就是先坐山观虎斗，等乙和丙火并之后，无论谁被射死，都会轮到甲开始射箭，只有这样才能把命运最大限度地掌握在自己手里。

3.11　猪的博弈论引发的思考

在我们的日常生活中经常会遇到合作与竞争的问题，不同的对策带来的

结果会有很大差别。选择了正确的对策，可以使自己在竞争中最大程度地获得利益；相反，如果对策失误则可能面临失败的困局。当然最好的策略是使博弈双方都能得到自己最大的利益，也就是“双赢”，但是这需要高超的策略艺术，也是人们一直在追求和探索的。

下面这个问题就是一道经典的博弈论问题，我们或许可以从中得到一些启示。

猪棚里养着大小两头猪。猪棚有一个门，门外有一个食槽，每天饲养员都会按时向食槽中投放5kg饲料。然而，控制猪棚门的开关在猪棚的另一侧，如果大猪去按动开关开门，则小猪可以伺机抢到2.5kg食物，这样大猪只能吃到2.5kg的食物，但是大猪开门需要消耗相当于1kg食物的能量。如果小猪去按动开关开门，大猪可以伺机抢到4.5kg的食物，小猪只能吃到0.5kg的食物，但是小猪开门也需要消耗相当于1kg食物的能量。如果两头猪谁也不去开门，则它们就谁也吃不到食物。若两头猪同时去开门，则大猪能吃到3kg的食物，小猪能吃到2kg的食物，同样两头猪开门都需要消耗相当于1kg食物的能量。请问最终这两头猪的策略是怎样的?

分析

大猪和小猪应当怎样抉择呢？我们先来罗列一下它们可选的几种策略以及每种策略下大猪和小猪各自的得与失。

策略一：大猪开门，小猪等待。小猪获得2.5kg食物，大猪获得2.5kg食物同时消耗1kg食物。

策略二：小猪开门，大猪等待。大猪获得4.5kg食物，小猪获得0.5kg食物同时消耗1kg食物。

策略三：大猪等待，小猪等待。大猪获得0kg食物，小猪获得0kg食物。

策略四：大猪开门，小猪开门。大猪获得3kg食物消耗1kg食物，小猪获得2kg食物消耗1kg食物。

可见不同的策略下，大猪和小猪的得失是各不相同的。我们可以用表3-9将每种策略下大猪和小猪的得失情况加以总结，表中第一个数字表示大猪的收益，第二个数字表示小猪的收益。所谓收益，就是它们获得的食物重量减去消耗的食物重量。

表3-9　大猪和小猪的得与失

		大猪	
		等待	开门
小猪	等待	0，0	1.5，2.5
	开门	4.5，-0.5	2，1

从表3-9中不难看出，小猪一定会选择等待，因为无论大猪选择什么策略，小猪选择等待都是最有利于自己的。如果大猪选择开门，小猪选择等待会收益2.5kg食物，相比之下如果小猪也选择了开门，则只能收益1kg食物；同理如果大猪选择了等待，小猪选择等待会收益0kg食物，但如果小猪选择了开门，则不但没有收益，还要消耗0.5kg的食物。虽然大猪小猪同时开门会比同时等待更加有利，但是在大猪与小猪的博弈中只能假设对方会选择最有利于自

己的策略，因此如果小猪选择了开门，那么大猪一旦选择等待，那么结果就是小猪一无所得，还要消耗0.5kg的食物。所以小猪只能选择等待才是最保险的。

在此基础上大猪只能选择开门。因为如果大猪也选择了等待，那将两败俱伤，谁都得不到食物。如果大猪选择开门，虽然小猪是不劳而获，但是大猪最起码还能收益1.5kg的食物。所以大猪只能无奈地选择开门。

所以博弈的结果就是策略一：大猪开门，小猪等待。

在这场大猪与小猪的博弈中，双方都希望从中获取最大的利益，但是由于客观条件的限制，小猪必然占领了先机和主动，因此可以“以逸待劳”，“搭上了”大猪的“便车”。大猪在这场博弈中处于客观上的劣势，因此只能“委曲求全”，退而求其次地选择开门。

在现实生活中，这样的例子也屡见不鲜。有些情况下，博弈双方的某一方处于被动的局面，而另一方处于主动的局面，这时主动方往往可以采取以逸待劳的策略，甚至不战而胜。而对于被动一方，就只能选择积极面对这种被动局面，这样损失才能较小。如果想从根本上扭转这种局面，只能靠改造客观环境，使之朝着有利于自己一方的方向发展，单纯地依靠对策也是无济于事的。

3.12 排队不排队

在博弈论中，我们把两个人以上参与的博弈称为多人博弈。在多人博弈中，每个人都是自私的，只考虑个人利益，并且没有其他人可以干预个人决策，也就是说，个人是完全按照自己利益最大化的原则进行决策。日常生活中多人博弈的例子不胜枚举，一个最经典的例子就是登机口的排队博弈问题。

假设有六名乘客在候机楼等待登机，乘客可以选择主动到登机口排队接受服务，也可以选择坐在休息室等待服务。如果选择在休息室等待，按照被服务的先后次序，分别可以获得（20，17，14，11，8，5）的旅行返点，而被服务的次序是等概率随机的。如果选择到登机口排队，会被扣除两个返点，按照排队的先后次序，分别获得（18，15，12，9，6，3）的旅行返点。如果有的乘客选择在登机口排队，有的乘客选择在休息室等待，则登机口排队的乘客会首先得到服务。那么，六名乘客究竟是会选择在休息室等待还是在登机口排队呢？

分析

为了一目了然，我们把返点用表格的形式呈现出来，如表3-10所示。

表3-10　不同情形下的返点

服务次序	等待收益	排队收益
1	20	18
2	17	15
3	14	12
4	11	9
5	8	6
6	5	3

我们首先要明确的是，如果选择在休息室等待，那么服务次序是随机

的，每个人都有可能被第一个服务从而获得最高的20个返点，也有可能被最后一个服务从而只获得5个返点，而且获得每种返点的概率是相同的，因此，每个人的期望返点为：

$$P=20\times\frac{1}{6}+17\times\frac{1}{6}+14\times\frac{1}{6}+11\times\frac{1}{6}+8\times\frac{1}{6}+5\times\frac{1}{6}=12.5$$

此时六名乘客获得的总返点为75个，这个是使整体利益最大化的选择，但实际情况会是这样吗？六名乘客会都选择在休息室等待吗？答案是不会的，由于每个人都是自私的，都想获得更多的返点，他们对于12.5个返点是不会满足的，必然通过其他方式试图使自己的利益得到最大化。

现实生活中肯定会有人一步冲到登机口排到第一的位置，因为此时该名乘客已经确定自己可以获得18个旅行返点，远远超过自己在休息室等待所可能获得的12.5个期望返点。此时另外在休息室的五名乘客会做出什么样的选择呢？是继续等待，还是也去登机口排队？

我们发现当有一名乘客已经在登机口排队的时候，另外在休息室的五名乘客的期望返点已经发生了变化，由于排队的那位乘客会被第一个服务，因此休息室等待的乘客最高只能获得17个旅行返点，期望返点变为：

$$P=17\times\frac{1}{5}+14\times\frac{1}{5}+11\times\frac{1}{5}+8\times\frac{1}{5}+5\times\frac{1}{5}=11$$

同样的道理，由于每个人都以自己利益最大化为原则，因此只要排队比等待获得的返点多，就会选择去排队。此时去登机口排队会第二个接受服务从而得到15个返点，超过休息室等待获得的11个期望返点，因此，会有人第二个去登机口排队接受服务。

这时候休息室剩下四名乘客，而等待服务获得的期望返点下降为9.5个，但是还是会有第三名乘客去登机口排队，从而得到12个旅行返点。只剩三名乘客的情况下等待服务获得的期望返点也下降为8个，但是，由于即便第四个排队也会获得9个返点，所以，第四名乘客仍然去排队。现在休息室只剩下两名乘客了，这时候情况发生了变化，我们计算一下休息室等待的期望返点：

$$P=8\times\frac{1}{2}+5\times\frac{1}{2}=6.5$$

可以看出，虽然休息室等待获得服务的期望返点继续减少，但是已经比排队获得的返点高了，因为即便第五个排队也只能获得6个返点，为了使自己的利益最大化，后面两名乘客会选择在休息室等待，这两个人会随机在第五和第六顺位得到服务，并且分别获得8个返点和5个返点。我们来整理一下最终结果，如表3-11所示。

表3-11　返点与实际收益

服务次序	等待收益	排队收益	实际收益
1	20	18	18
2	17	15	15
3	14	12	12
4	11	9	9
5	8	6	8
6	5	3	5

不难看出，最终前四名乘客选择了登机口排队，后两名乘客选择了休息室等待，六名乘客共获得67个返点，这显然没有所有人都在休息室等待从而一共获得75个返点能将整体利益最大化，但这就是博弈的结果，在每个人都以自身利益最大化作为选择标准的时候，整体利益就会受损。

本质上，最终的博弈结果达到了“纳什均衡”。在多人博弈的过程中，如果没有任何一名参与者可以独自行动而增加收益，即为了自身利益的最大化，没有任何单独的一方愿意改变其策略的，则该策略组合被称为“纳什均衡”。纳什均衡实质上是一种非合作博弈状态，这也解释了整体利益没有最大化的原因。

3.13　囚徒的困局

这是一道经典的博弈问题。两个罪犯A和B被警察抓获，分别关在两个不同的房间中接受审讯。法官告诉他们：如果两人都坦白，则各判5年徒刑；如果两人都不承认，因为证据不足，则只能各判1年徒刑；如果一人坦白，一人不承认，则坦白的人可以免于刑罚，抵赖的人要重罚判处8年徒刑。两个囚徒都绝顶聪明，你知道他们的策略是什么吗？

分析

我们可以参考“猪的博弈论”思路来分析这个题目。A、B两个罪犯的策略无外乎只有两条，即坦白和抵赖。这样就构成了4种策略组合：（A坦白，B坦白），（A坦白，B抵赖），（A抵赖，B坦白），（A抵赖，B抵赖）。那么，这4种组合AB二人各自的收益是多少呢？我们可以用表3-12将每种策略下AB二囚犯的得失情况加以总结，表中第一个数字表示A的收益，第二个数字表示B的收益。例如收益为0表示免于坐牢，收益为-5表示需要判5年徒刑，以此类推。

表3-12　AB二囚犯的得失

		B囚徒	
		坦白	抵赖
A囚徒	坦白	-5，-5	0，-8
	抵赖	-8，0	-1，-1

从表3-12中我们可以清晰地看出，对于AB二囚犯来说选择坦白是他们最优的策略。这是因为在B坦白的前提下，如果A选择了坦白，则A就要被判处5年的徒刑，如果A选择了抵赖，则A要被判处8年的徒刑；而在B抵赖的前提下，如果A选择了坦白，则A就会免于刑罚，如果A也选择抵赖，则A要被判处1年的徒刑，因此，无论B是坦白还是抵赖，对于A来说选择坦白都是风险最小的。同理，对于B来说，选择坦白也是风险最小的。

有的读者可能有这样的困惑：如果A和B都选择了抵赖，那不是比选择都坦白要好吗？但是问题恰恰就在于“全部抵赖”这个选择对于A和B整体上是好的，但是对于A或B个人来说却并非如此。因为只要有一方（A或B）知道了对方选择了抵赖，那么他一定会选择坦白，因为这样他就可以免于刑罚，谁也不会仗义到去做陪另一个人坐一年牢的蠢事。

这就引申出一个深刻的道理：个人理性往往与集体理性之间是存在矛盾的。从集体理性来看，A、B二人都选择抵赖或许是整体代价最小的一种选择，但是从A或B的个人理性来看，选择抵赖却不能使自身的利益得到最大化。在我们的现实生活中，这样的例子屡见不鲜。比如国家的税收政策，对于单个纳税人来说肯定是存在经济利益的损失，但是从国家的宏观理性来看，税收可以使公共利益得到提升，从而反哺给我们每一个纳税人。因此，从大局上看，一个国家的税收政策是必须的，也是有益于每一个公民的。

另外与上一题告诉我们的道理一样，这个例子也生动地阐释了，个人利益的最大化并不一定就是集体利益的最大化。就像囚徒的策略那样，最终A、B二人都会选择坦白，这样满足了A和B两人各自利益的最大化，但是这并不是集体利益的最大化，因为如果二人都选择抵赖会更好。这就如同市场调节与宏观调控之间的关系一样。市场调节追求的是个人利益的最大化，按照供需关系调整商品的数量和价格。但是在这个过程中就可能产生出一些有悖于社会利益的问题，例如经济过热、生产过剩、经济泡沫、通货膨胀等，这个时候就需要国家的宏观调控这只有形的手进行干预，也就是从社会利益的层面上对市场经济进行调整和矫正。因此国家的宏观调控政策也是十分必要的。

中国是一个拥有五千年历史的文明古国。在漫漫的历史长河中，我们的古圣先贤创造出许多灿烂辉煌的文化，犹如甘泉雨露，滋养着一代又一代的炎黄儿女，又仿若瑰丽的珠宝，照耀着伟大的神州大地。数学就是这些灿烂瑰宝中闪烁着智慧光芒的明珠！

我们的古人在生产和生活实践中不断发现和总结，整理出许多用于指导实际工作的数学方法。将数学寓于实际应用是中国数学发展的显著特点。与此同时，中国数学也为人类数学大厦增添了许多重要的砖瓦，中国古代数学家提出的许多公式、定理、算法都要领先欧洲数百年。例如，早在公元前11世纪的西周初期，数学家商高就提出了勾股定理，这要比公元前5世纪左右古希腊的著名数学家毕达哥拉斯发现了这个定理早500多年。

本章将带你从一些古代趣题中体会古圣先贤的智慧，领略古代数学题的妙趣横生。这些题目大多出自古代算学经典，例如《九章算术》《算法统宗》《孙子算经》等，兼具趣味性和实用性，很值得大家体验和学习。

第4章 中国古代趣题拾零

4.1 笔套取齐

八万三千短竹竿，将来要把笔头安，管三套五为定期，问君多少能完成？

——选自《算法统宗》

题目示意：

有83 000个短竹竿，将来会安上笔头制成毛笔，已知一根短竹竿可以制作3个笔管或者5个笔套。请问怎样用这83 000个短竹杆制作出成套的毛笔（一根毛笔需要一个笔管配一个笔套）？

分析

解决这个问题有许多办法，最简单直观的方法是利用方程组求解。

假设用x根竹竿制作笔管，用y根竹竿制作笔套，则可列出下列方程组：

$$\begin{cases}3x=5y\\x+y=83\,000\end{cases}$$

上式中$3x$表示x根竹竿可制作的笔管数，$5y$表示y根竹竿可制作的笔套数。因为现在要求笔管数目和笔套数目相等才能制造出成套的毛笔，所以令$3x=5y$。

另外，用来制作笔管的竹竿数x和用来制作笔套的竹竿数y相加在一起的和应该等于83 000才能保证用完这83 000根短竹竿，所以令$x+y=83\,000$。

经计算易知：$x=51\,875$，$y=31\,125$。

所以，用51 875根短竹竿制作笔管，用31 225根短竹竿制作笔套，可以制作出成套的毛笔$3\times51\,875=5\times31\,125=155\,625$支。

可见用方程组的方法求解此题，简单直观，易于理解。

知识扩展

程大位与《算法统宗》

本题出自明代数学家程大位所著的《算法统宗》。《算法统宗》这本书全称为《直指算法统宗》，成书于1592年，是明代数学家程大位毕其一生心血的结晶，在我国数学史上有着十分重要的地位。

（明）程大位像

《算法统宗》是一部在当时十分实用的数学工具书。全书共十七卷，其中第一卷和第二卷主要介绍数学名词、大数、小数和度量衡单位以及珠算盘式图、珠算口诀等。第三卷至第十二卷按照《九章算术》的次序列举了各种应用题及其解法。第十三卷至第十六卷为“难题”解法汇编。第十七卷为“杂法”，也就是那些不能归入前面各类的算法。

纵观全书，它以应用为主，包罗万象，富有系统性和实用性，为当时的生产生活提供了有力的数学工具支持。因此，这本书不仅在中国赫赫有名，也传入了日本、朝鲜、东南亚国家以及欧洲，成为举世闻名的东方古代数学名著。

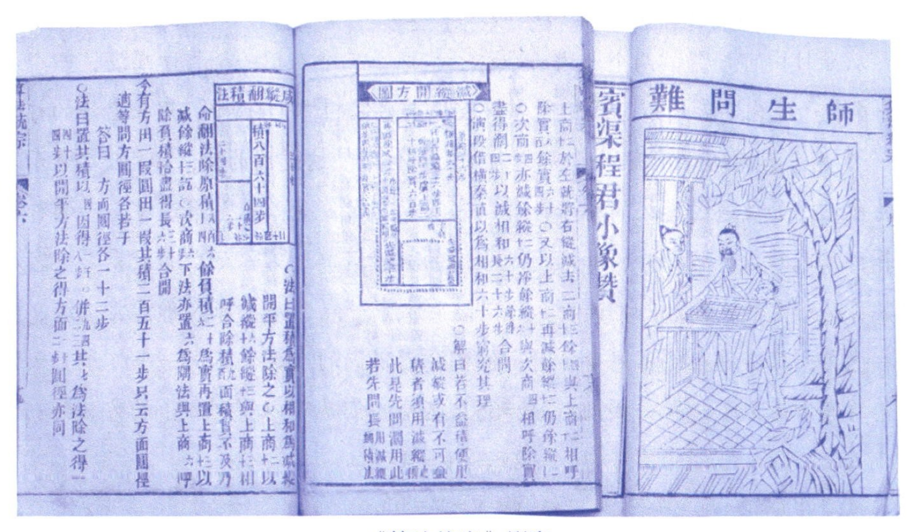
師生問難

賓渠程君小象贊

《算法统宗》影印

4.2 妇人荡杯

妇人河上荡杯，津吏问曰："杯何以多？"妇人曰："家中有客。"津吏曰："客有几何？"妇人曰："二人共饭，三人共羹，四人共肉，凡用杯六十五，不知客几何？"

——选自《孙子算经》

题目示意：

一个妇人在河边洗涤杯子，管河的官吏问她："怎么这么多杯子？"妇人回答："家里来客人了。"官吏问道："来了多少客人？"妇人回答："两个人用一个杯子吃饭，三个人用一个杯子喝汤，四个人用一个杯子吃肉，总共六十五个杯子，我也不知道来了多少客人？"

你知道总共来了多少客人吗？

分析

这是一道很有趣的题目，题目中只给出了杯子的总数，以及客人如何使用这些杯子。因此，解决这个问题的关键是要弄清楚杯子数和客人数的关系。

从题目中可知，"两个人用一个杯子吃饭，三个人用一个杯子喝汤，四个人用一个杯子吃肉"，所以，我们可以假设用来盛饭的杯子有x个，用来盛汤的杯子有y个，用来盛肉的杯子有z个，那么就有$2x=3y=4z$。这是因为$2x$，$3y$，$4z$都表示客人的数目，如果通过盛饭的杯子计算，客人的数目就是$2x$；如果通过盛汤的杯子计算，客人的数目就是$3y$；如果通过盛肉的杯子计算，客人的数目就是$4z$。客人的数目是一定的，因此$2x=3y=4z$。这里需要注意一点，每个客人都需要吃饭、喝汤、吃肉，只不过在吃不同食物时，他们会以不同的人数共享同一个杯子。又知道总共有六十五个杯子，因此$x+y+z=65$。这样我们就可以得到如下的方程组：

$$\begin{cases} 2x = 3y = 4z \\ x + y + z = 65 \end{cases}$$

这样可以得出$x=30$，$y=20$，$z=15$。因此，客人总数为$2\times30=3\times20=4\times15=$60人。

知识扩展

数学奇书——《孙子算经》

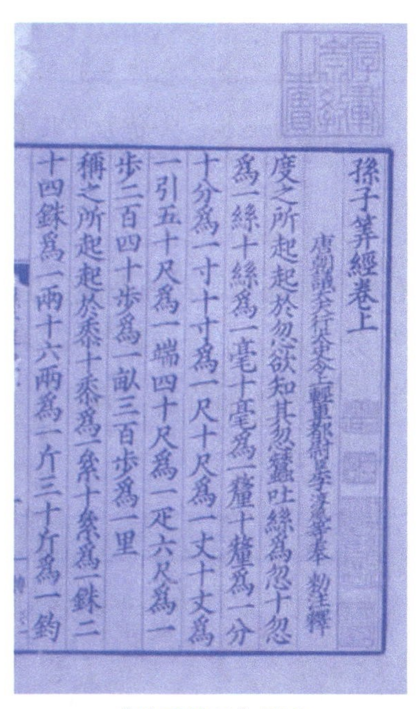
孫子算經卷上
唐朝議大夫行太史令上輕車都尉臣李淳風等奉 勅注釋
度之所起起於忽欲知其忽蠶吐絲爲忽十忽
爲一絲十絲爲一毫十毫爲一氂十氂爲一分
十分爲一寸十寸爲一尺十尺爲一丈十丈爲
一引五十尺爲一端四十尺爲一疋六尺爲一
步二百四十步爲一畝三百步爲一里
稱之所起起於黍十黍爲一絫十絫爲一銖二
十四銖爲一兩十六兩爲一斤三十斤爲一鈞

《孙子算经》影印

《孙子算经》可谓是我国古代的一本算学经典。它成书于中国的南北朝时期，作者和编年已无法考证。这本书连同《周髀算经》《九章算术》《海岛算经》《张丘建算经》《夏侯阳算经》《五经算术》《辑古算经》《缀术》和《五曹算经》一并归入《算经十书》，作为隋唐时代国子监算学科的教科书，足见《孙子算经》的重要学术价值和历史地位。

《孙子算经》全书共分3卷。上卷主要讨论了度量衡的单位和筹算的制度及方法，叙述算筹记数的纵横相间制度和筹算乘除法则。中卷主要列举了一些与实际相关的应用题，涵盖求解面积、计算体积、计算等比数列等。下卷则是本书的点睛之笔，也对后世产生了重大而深远的影响。下卷中最为著名的题目当推下卷第28题的“物不知数”以及下卷第31题的“雉兔同笼”，由此衍生出蜚声中外的“中国剩余定理”和“中国古代方程理论”。本章的后续小节中会对此进行介绍。

4.3 儒生分书

毛诗春秋周易书，九十四册共无余，毛诗一册三人读，

春秋一册四人呼，周易五人读一本，要分每样几多书？

——选自《算法统宗》

题目示意：

现在有《毛诗》《春秋》《周易》三种书供学生来读，已知一共有94册书，《毛诗》要三个学生分一本读，《春秋》要四个学生分一本读，《周易》要五个学生分一本读。请问《毛诗》《春秋》《周易》三种书各有多少册？

分析

这道题目跟前面的《妇人荡杯》解法类似，我们可以通过建立方程组来求解此题。

设《毛诗》有x册，《春秋》有y册，《周易》有z册。因为《毛诗》要三个学生分一本读，《春秋》要四个学生分一本读，《周易》要五个学生分一本读，所以$3x=4y=5z$。同时因为一共有94册书，所以$x+y+z=94$。这样便可得到如下方程组：

$$\begin{cases} 3x = 4y = 5z \\ x + y + z = 94 \end{cases}$$

很容易得出$x=40$，$y=30$，$z=24$，即《毛诗》共40册，《春秋》共30册，《周易》共24册。同时我们也可以算出学生的数量为$3\times 40=4\times 30=5\times 24=120$人。

其实这道题目用算术的方法同样可以解决，只不过没有应用方程组那样直观简便。下面我们讨论一下本题的算术解法。

因为《毛诗》要三个学生分一本读，所以每个学生占有《毛诗》仅1/3册。同理每个学生占有《春秋》1/4册，每个学生占有《周易》1/5册。这样合计起来，每个学生占有的书籍为$1/3+1/4+1/5=47/60$册。又因为总共有94册书籍，所以我们可以得到学生的数量为：

$$94 \div \frac{47}{60} = 120\text{人}$$

如果大家不明白这里为什么要用除法的话，可以这样类比地思考：如果每个学生占有1册书，总共有94册书，那么学生数量一定为94÷1=94人；如果每个学生占有2册书，总共有94册书，那么学生数量一定为94÷2=47人；那么每个学生占有47/60册书，算法也是相同的。

知道了学生的数量就很容易计算每种书籍的数量了。

《毛诗》数量：120÷3=40册

《春秋》数量：120÷4=30册

《周易》数量：120÷5=24册

可见，许多问题既可以采用方程的方法求解，也可以采用算术的方法求解，但是相比之下，方程求解更加简单直观。

4.4 三人相遇

今有封山周栈三百二十五里，甲乙丙三人同绕周栈而行，甲日行一百五十里，乙日行一百二十里，丙日行九十里。问周向几何日会？

——选自《张丘建算经》

题目示意：

环山周栈的周长为325里，甲、乙、丙三人环山而行，已知甲每天行走150里，乙每天行走120里，丙每天行走90里。甲、乙、丙三人同时从原点出发连续不断地行走，请问多少天后三人再次相遇于原出发点？

分析

因为甲、乙、丙三人行走的速度不相等，所以会出现下列的情形：

当甲行走完一周回到原出发点时，乙和丙还在路上，没有走完一圈。此时甲继续环山而行。

当乙行走完一周回到原出发点时，甲已经开始了第二圈的行走，并且正在路上，而丙此时还未走完一圈。

……

从上面的描述中可以看到，试图理清每一个人的行走状态从而最终求出三人相遇的时间是不现实的。要求解此题，必须找到一些相等的关系并在此基础上建立数学模型。

题目要计算的是经过多少天之后三人再次相遇于原出发点，因此，我们需要考虑三人相遇时需要满足的一些条件。显然，三人再次相遇需要满足以下两个条件：

（1）从出发到再次相遇，三人行走的天数相等；

（2）每个人行走的路程都是周栈的整数倍，即325里的整数倍。

基于上述相等关系，我们可以建立以下的数学模型。

设三人再次相遇时，甲绕周栈x圈，乙绕周栈y圈，丙绕周栈z圈，则有

$$\frac{325x}{150}=\frac{325y}{120}=\frac{325z}{90} \quad x, y, z\in R$$

其中，$\frac{325x}{150}$中的$325x$为再次相遇时甲一共行走的路程，150是甲行走的速度，二者相除为甲行走的天数。同理，$\frac{325y}{120}$为乙行走的天数，$\frac{325z}{90}$为丙行走的天数。再次相遇时三者必然是相等的。另外，因为是在原出发点相遇，所以$x, y, z\in R$，也就是说，甲、乙、丙三人一定走了周栈长度的整数倍。

这样我们就可以求出x，y，z三个量之间的关系为

$$12x=15y=20z \quad x, y, z\in R$$

因为要计算甲、乙、丙三人再次相遇的时间，所以我们只需要求出满足$12x=15y=20z \quad x, y, z\in R$式的一组$\{x, y, z\}$就可以知道相遇时甲、乙、丙三人各绕周栈行走了多少圈，再将其中的x（或者y，z）代入$\frac{325x}{150}=\frac{325y}{120}=\frac{325z}{90} \quad x, y, z\in R$中，就可以得出相遇时他们走了多少天。

但是现在有一个问题，通过$12x=15y=20z$式我们可以得到无数组$\{x, y, z\}$的解，这个要怎样选择呢？因为题目中要求计算甲、乙、丙三人再次相遇（即

出发后第一次相遇）的时间，所以只要找到最小的那组解就可以了。我们只需要先求出12，15，20的最小公倍数LCM[12，15，20]=60，再用60÷12得到x=5，60÷12得到y=4，60÷20得到z=3。

将{5，4，2}代入$\frac{325x}{150}=\frac{325y}{120}=\frac{325z}{90}$中显然成立，并且可以求出三人再次相遇时又经历了$10\frac{5}{6}$天。

以上解法简单直观，易于理解。其实《张丘建算经》中给出的解法更为精妙。我们再来学习一下《张丘建算经》中给出的解法：

（1）首先计算甲、乙、丙三人每日所行路程里数的最大公约数，记作GCD（150，120，90），很容易得出GCD（150，120，90）=30；

（2）再用周栈的长度除以这个最大公约数即得答案，325÷30=$10\frac{5}{6}$天。

看来古人真是聪明绝顶，给出的方法也美妙绝伦。但是其中的道理何在呢？

对于这道题，我们首先可以计算一下甲、乙、丙三人绕周栈一周分别需要多少天的时间。

甲：$\frac{325}{150}$天

乙：$\frac{325}{120}$天

丙：$\frac{325}{90}$天

如果要计算三人再次相遇的时间，实际上就是计算$\frac{325}{150}$，$\frac{325}{120}$，$\frac{325}{90}$这三个数的最小公倍数。记作LCM[$\frac{325}{150}$，$\frac{325}{120}$，$\frac{325}{90}$]。也就是说找到一个数x（可能是整数也可能是分数），它除以$\frac{325}{150}$，$\frac{325}{120}$，$\frac{325}{90}$这三个数都会分别得到一个整数，得到的这三个整数就是甲、乙、丙各自绕周栈行走的圈数，而x就是三人再次相遇经过的天数。

如何计算三个分数的最小公倍数呢？《张丘建算经》中给出的解法就描述了计算分数的最小公倍数的算法。

设a，b，c，e都是正整数，其中a，b，c的最大公约数记作：

$$d=\mathrm{GCD}(a,b,c)$$

而$\frac{e}{a}$，$\frac{e}{b}$，$\frac{e}{c}$的最小公倍数记作：

$$x=\mathrm{LCM}=[\frac{e}{a},\frac{e}{b},\frac{e}{c}]$$

则有：

$$x=\mathrm{LCM}=[\frac{e}{a},\frac{e}{b},\frac{e}{c}]=\frac{e}{\mathrm{GCD}(a,b,c)}=\frac{e}{d}$$

这便是计算分数的最小公倍数的算法。在本题中，e=325，d为150，120，90的最大公约数，x就是所要计算的值。

其实这个算法也不难理解。要计算$\frac{e}{a}$，$\frac{e}{b}$，$\frac{e}{c}$的最小公倍数，就是要找一个x除以$\frac{e}{a}$，$\frac{e}{b}$，$\frac{e}{c}$分别得到整数（且x是最小的那一个）。也就是说，x乘以$\frac{a}{e}$，$\frac{b}{e}$，$\frac{c}{e}$分别得到整数，因此x的分子一定是$[e, e, e]$的最小公倍数，也就是e；而x的分母一定可以被a，b，c整除，又因为x要达到最小，所以x的分母应该是$[a, b, c]$的最大公约数。因此上面的公式是合乎道理的。

知识扩展　《算经十书》之《张丘建算经》

《张丘建算经》是中国古代一部重要的算学著作，它被列为《算经十书》其一，在中国的数学史上有着极其重要的地位。

《张丘建算经》约成书于北魏天安元年（约公元5世纪）。全书分为上、中、下三卷。因流传时间甚久，中卷结尾及下卷开篇已有残缺，现保存下来的共有92个数学问题及其解答。《张丘建算经》的内容及范围与《九章算术》类似，突出的成就集中在最大公约数与最小公倍数的计算和各种等差数列问题的解决及不定方程问题求解等方面。在某些地方甚至超越了《九章算术》的水平。

本题为《张丘建算经》中卷上第十题，主要阐述了计算分数的最小公倍数的方法，是一道流传广泛的名题。另外卷下第三十八题的《百钱百鸡》问题更是驰名中外，家喻户晓。这道题目提出并解决了一个在数学史上非常著名的不定方程问题，为后世求解不定方程提供了方法的参考和借鉴。自张丘建以后，中国数学家对百钱百鸡问题的研究不断深入，百钱百鸡问题也几乎成了不定方程的代名词，从宋代到清代围绕百钱百鸡问题的数学研究取得了很多成就。

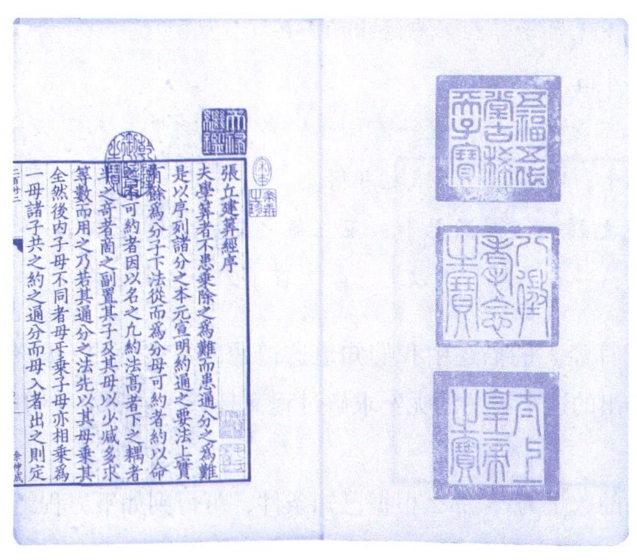

張丘建算經序
夫學算者不患乘除之爲難而患通分之爲難
是以序列諸分之本元宣明約通之要法上實
有餘爲分子下法從而爲分母可約者約以命
可約者因以名之九約法高者下之耦者
半之奇者商之副置其子及其母以少減多求
等數而用之乃若其通分之法先以其母乘其
全然後內子母不同者母互乘子母亦相乘爲
一母諸子共之約之通分而母入者出之則定

《张丘建算经》影印

4.5 物不知数

今有物不知其数，三三数之剩二，五五数之剩三，七七数之剩二，问物有几何？

——选自《孙子算经》

题目示意：

有些物品不知道有多少个，如果三个三个数，剩余两个；如果五个五个数，剩余三个；如果七个七个数，剩余两个。请问这些物品有多少个？

分析

这是一道蜚声中外的名题，虽然这道题目叙述简单，但是它的解法阐述了一条著名的数论基本定理——中国剩余定理。这道算题出自著名的《孙子算经》，它给出了一元同余方程组的求解方法，因此这也堪称中国古代数学为人类数学发展做出的一项伟大贡献。下面我们看一下这道题目的解法。

首先看一下《孙子算经》中给出的解答。

答曰：二十三

术曰：三三数之剩二，置一百四十；五五数之剩三，置六十三；七七数之剩二，置三十；以二百一十减之即得。

凡三三数之剩一，则置七十；五五数之剩一，则置二十一；七七数之剩一，则置十五；一百（零）六以上，以一百（零）五减之即得。

从《孙子算经》的描述中我们知道这道题的答案为23，即有23个物品。那么是怎样得出的这个答案的呢？求解过程又是怎样的呢？我们用现代的语言给予描述。

假设物品的数量为x，那么根据已知条件，可得到如下方程组：

$$\begin{cases} x\%3=2 \\ x\%5=3 \\ x\%7=2 \end{cases}$$

其中符号%为求余数的符号，可读作“模”，例如5%3=2，表示5被3除余2。

这样的方程组不是一般的方程组，在数学中称为同余方程组。更科学的表达方式如下：

$$\begin{cases} x\equiv 2\ (\bmod 3) \\ x\equiv 3\ (\bmod 5) \\ x\equiv 2\ (\bmod 7) \end{cases}$$

如何求解这个同余方程组呢？我们可以借助著名的中国剩余定理求解这个问题。

中国剩余定理描述了求解一元线性同余方程组的计算方法，其形式化描述比较复杂抽象，因此在这里不再详述，有兴趣的读者可参考相关书籍。在这里仅给出3个同余式构成的同余方程组的一般化求解方法描述，其他的可依此类推。

设a_1，a_2，a_3分别表示被除数（即上式中的3，5，7），余数分别为m_1，m_2，m_3（即上式中的2，3，2）。符号%为求余计算，可通过以下两步求取同余解x。

（1）找出k_1，k_2，k_3，使得k_i能被a_i相除余1，而可以被另外两个数整除，且k_i是所有满足条件的数中最小的那个。即：

$$k_1\%a_2=k_1\%a_3=0 \text{ 并且} k_1\%a_1=1;$$

$$k_2\%a_1=k_2\%a_3=0 \text{ 并且} k_2\%a_2=1;$$

$$k_3\%a_1=k_3\%a_2=0 \text{ 并且} k_3\%a_3=1;$$

（2）将k_1，k_2，k_3分别乘以对应的余数m_1，m_2，m_3，再加在一起，这便是同余组的一个解。再将其加减a，b，c的最小公倍数，便可得到无数多个同余组的解x。用公式可表述为：

$$x = k_1m_1 + k_2m_2 + k_3m_3 \pm p \cdot \varphi(a_1, a_2, a_3)$$

其中$p \cdot \varphi(a_1, a_2, a_3)$表示$p$乘以$a_1$，$a_2$，$a_3$的最小公倍数$\varphi(a_1, a_2, a_3)$，其中$p$为满足$x > 0$的任意整数。

需要注意的是，只有在a_1，a_2，a_3是互质（即a_1，a_2，a_3的最大公约数为1）的前提下才能使用中国剩余定理求解该同余方程组。如果a_1，a_2，a_3不是互质的，需要先将其转换为互质的，才能使用中国剩余定理求解。

现在我们就用上述中国剩余定理的算法求解这个同余方程组。

（1）令a_1=3，a_2=5，a_3=7，这三个数互质。

找出k_1，使得k_1能被5和7整除，并且k_1被3除余1，同时k_1为所有满足上述条件的数中最小的那个。这样k_1=70。

找出k_2，使得k_2能被3和7整除，并且k_2被5除余1，同时k_2为所有满足上述条件的数中最小的那个。这样k_2=21。

找出k_3，使得k_3能被3和5整除，并且k_3被7除余1，同时k_3为所有满足上述条件的数中最小的那个。这样k_3=15。

（2）计算x的值。

$$70 \times 2+21 \times 3+15 \times 2=233$$

233即为上述同余方程组的一个解。用233加减3，5，7的最小公倍数105

得到的值也都是上述同余方程组的解。因此233-210=23亦为方程组的一个解，这就是《孙子算经》中给出的答案。

我们现在可以理解《孙子算经》中给出的求解方法了。所谓"三三数之剩二，置一百四十；五五数之剩三，置六十三；七七数之剩二，置三十；以二百一十减之即得。"其实就是70×2+21×3+15×2=233，再用233-210=23的求解过程的描述，也就是应用中国剩余定理求解同余组的具体描述。

类似"物不知数"这样的求解同余组的古算题确实为数不少，淮安民间流传的一则故事——"韩信点兵"，也是类似的一道题目。

相传韩信带着1500名士兵前去打仗，战死大约四五百士兵，余下的士兵如果站3人一排，多出2人；站5人一排，多出4人；站7人一排，多出6人。请问余下多少士兵？

假设余下没有战死的士兵为x人，那么根据描述可列出同余方程组：

$$\begin{cases} x \equiv 2 \pmod 3 \\ x \equiv 4 \pmod 5 \\ x \equiv 6 \pmod 7 \end{cases}$$

因为3，5，7是互质的，所以可以应用中国剩余定理的算法求解该题，令$a_1=3$，$a_2=5$，$a_3=7$，$m_1=2$，$m_2=4$，$m_3=6$，那么

$$k_1\%3=1 \text{ 并且 } k_1\%5=k_1\%7=0 \to k_1=70$$

$$k_2\%5=1 \text{ 并且 } k_2\%3=k_2\%7=0 \to k_2=21$$

$$k_3\%7=1 \text{ 并且 } k_3\%3=k_3\%5=0 \to k_3=15$$

这样按照公式$x=k_1m_1+k_2m_2+k_3m_3 \pm p\cdot\varphi(a_1,a_2,a_3)$可得，70×2+21×4+15×6=314，根据题目给出的实际条件，余下的士兵应大约在1 000人左右，所以，我们要以314为基数，以3，5，7的最小公倍数为周期反复相加，直到加到1 000左右。因此韩信余下的士兵大约为314+105×7=1 049人，伤亡士兵大约为451人，这样符合题目的预期。

以上是应用中国剩余定理求解由3个同余式构成的一元线性同余方程组。推而广之，我们依然可用这个方法求解N个同余式构成的同余方程组。例如下面是由4个同余式构成的同余组：

$$\begin{cases} x \equiv 1\ (\mathrm{mod}\,5) \\ x \equiv 5\ (\mathrm{mod}\,6) \\ x \equiv 4\ (\mathrm{mod}\,7) \\ x \equiv 10\ (\mathrm{mod}\,11) \end{cases}$$

因为5，6，7，11是互质的，所以可以使用中国剩余定理求解。令a_1=5，a_2=6，a_3=7，a_4=11，m_1=1，m_2=5，m_3=4，m_4=10，那么

$k_1\%5=1$ 并且 $k_1\%6=k_1\%7=k_1\%11=0 \rightarrow k_1=6\times7\times11\times3=1\ 386$

$k_2\%6=1$ 并且 $k_2\%5=k_2\%7=k_2\%11=0 \rightarrow k_2=5\times7\times11=385$

$k_3\%7=1$ 并且 $k_3\%5=k_3\%6=k_3\%11=0 \rightarrow k_3=5\times6\times11=330$

$k_4\%11=1$ 并且 $k_4\%5=k_4\%6=k_4\%7=0 \rightarrow k_4=5\times6\times7=210$

再计算$k_1m_1+k_2m_2+k_3m_3+k_4m_4$得1 386×1+385×5+330×4+210×10=6 731，所以，6 731为上述同余方程组的一个解。而6 731±p2 310，p为满足6 731±p2 310>0的任意整数，也是该同余方程组的解。

知识扩展 中国数学史光辉的一页——“中国剩余定理”

《孙子算经》这本书之所以蜚声中外，广为流传，其重要的原因之一就是该书中提出了一元线性同余方程组的计算方法。相比之下，欧洲直到1202年意大利数学家斐波那契所著的《算法之书》中才对这类问题进行探讨，中国的这项研究要早于西方500多年！

在《孙子算经》之后，中国宋代的数学家秦九韶在《数书九章》中又对一元线性同余方程组进行了更为系统详尽地介绍，提出了著名的“大衍求一术”。

在欧洲，18世纪数学家欧拉和19世纪的数学家高斯都分别对一元线性同余方程组进行了深入的研究和探索。高斯在1801年出版的数学专著《算术探究》中系统而完整地提出了一次同余方程组的理论和解法，并给出了严格的证明。因此欧洲人称之为“高斯定理”。

1847年英国传教士伟亚力来到中国，并于1852年把《孙子算经》中的“物不知数”和秦九韶《数书九章》中的“大衍求一术”介绍给欧洲。欧

洲人发现中国关于一元线性同余方程组的解法与高斯的《算术探究》中的解法完全一致，这才引起欧洲学者对中国数学的关注和认识。于是《孙子算经》和《数书九章》中求解一次同余方程组的方法在西方数学史专著中被正式命名为“中国剩余定理”。

4.6 雉兔同笼

今有雉兔同笼，上有三十五头，下有九十四足。问鸡兔各几何？

——选自《孙子算经》

题目示意：

把鸡和兔子放在一个笼子中，共有35个头和94个足，请问鸡和兔子各有多少只？

分析

这是一道很有趣也很有名的题目。我们用两种方法解决此题。

最为简单直观的解法就是应用方程组求解。设笼子中鸡有x只，兔子有y只，根据题目中的已知条件，因为共有35个头，所以$x+y=35$；因为共有94个足，而每只鸡有2只脚，每只兔子有4只脚，所以$2x+4y=94$，联立方程组可得：

$$\begin{cases}x+y=35\\2x+4y=94\end{cases}$$

很容易计算出$x=23$，$y=12$。所以笼子中鸡有23只，兔子有12只。

下面再介绍一种十分巧妙而又非常经典的求解方法。

我们可以给笼子里的鸡和兔子发布一条命令：“野鸡独立，兔子举手”。意思就是让笼子里的鸡都单腿站立，兔子都抬起两只前爪。这时地面上的脚有多少只呢？很显然，脚数恰好减少了一半，共有47只。而笼子中头的数量是不变的，仍为35个。我们再用47减去35得到的就是兔子的数量12。

这是为什么呢？我们可以用图4–1解释一下其中的道理。

图4-1 “野鸡独立，兔子举手”示意

如图4-1所示，经过“野鸡独立，兔子举手”之后，每只鸡就对应了1只脚，而每只兔子对应2只脚。用脚的数量减去头的数量，对于鸡来说就全部减掉了，也就是说剩余的数量中不包含鸡的内容。而对于兔子，由于其脚的数量是头的2倍，所以脚的数量减去头的数量剩下的就是兔子（头）的数量。

也可以假设鸡头的数量为a，兔头的数量为b，那么经过“野鸡独立，兔子举手”之后，脚的数量变为$a+2b$，头的数量仍为$a+b$，那么用脚的数量（$a+2b$）减去头的数量（$a+b$）就得到了b，也就是兔子的数量。

因此用“野鸡独立，兔子举手”的方法解决雉兔同笼问题就变得尤为简单。归纳起来可以表述为：

兔子数量=足数÷2-头数

鸡的数量=头数-兔子数量

我们应用此法可以不用笔算，很快得到答案。

4.7 龟鳖共池

三足团鱼六眼龟，共同山下一深池，九十三足乱浮水，一百二眼将人窥，或出没，往东西，倚栏观看不能知，有人算得无差错，好酒重斟赠数杯。

——选自《算法统宗》

题目示意：

有一种团鱼（鳖）长3只足，2只眼，有一种乌龟长6只眼，4只足，它们同在山下的深池中生活。已知池中总共有93只足，102只眼。请计算有多少只团鱼，多少只乌龟？

分析

这道题看起来荒唐，因为哪里有3只足的团鱼和6只眼的乌龟？我们大可不必认真，因为这只是一道有趣的数学题而已，古人的想象力也是十分丰富的。

本题与“雉兔同笼”十分类似，我们仍然可以用两种方法解决。

首先应用方程组求解。设三足团鱼x只，六眼乌龟y只，因为每只团鱼3只足，每只乌龟4只足，所以总的足数为$3x+4y$；因为每只团鱼2只眼，每只乌龟6只眼，所以总的眼数为$2x+6y$；因此联立方程组可得：

$$\begin{cases}3x+4y=93\\2x+6y=102\end{cases}$$

很容易计算出$x=15$，$y=12$，因此三足团鱼15只，六眼乌龟12只。

下面我们再用算术的方法求解此题。

这道题目如果直接照搬“野鸡独立，兔子举手”的方法求解看起来比较困难。我们先看一下“雉兔同笼”问题之所以采用“野鸡独立，兔子举手”解法的原因，然后再来类比地求解“龟鳖共池”问题。

之所以向笼中的野鸡和兔子发布“野鸡独立，兔子举手”的命令，原因有两点：

（1）使得鸡的头数（其实就是鸡的个数）跟鸡足的个数相等（因为鸡都要单腿站立），这样在进行相减运算时，就可以把鸡的数量减掉；

（2）使得足数恰好变为原来的一半，这样经过“野鸡独立，兔子举手”后，足数就是原来的数目除以2。试想，如果要求“野鸡不独立，而兔子举手”的话，在不知道鸡数和兔数的前提下，我们是无法计算足数的。

因此“野鸡独立，兔子举手”的解法背后是蕴含着道理的。下面我们可以仿照“野鸡独立，兔子举手”的算法，设计一个适用于“龟鳖共池”问题的解法。

首先要弄清楚团鱼和乌龟眼、足的个数，以及它们的对应关系，如图4-2所示。

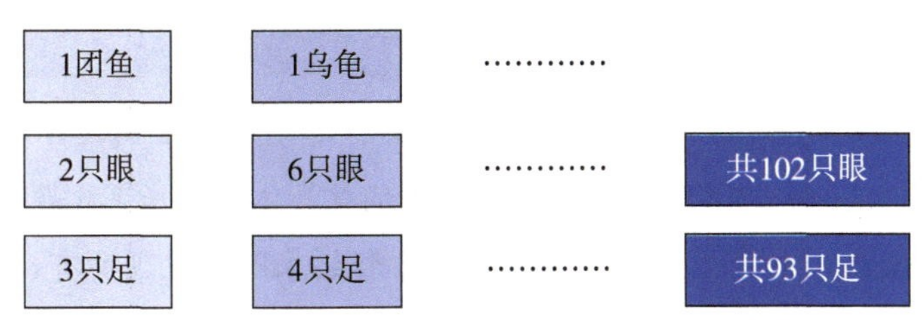

图4-2 团鱼和乌龟眼、足的个数及其对应关系

如图4-2所示，1只团鱼2只眼，3只足；一只乌龟6只眼，4只足。眼数相加为102，足数相加为93。类比“野鸡独立，兔子举手”的方法，我们可以尝试这样求解此题。

将足数乘以1.5，即93×1.5=139.5，这样每只乌龟变为6只足，每只团鱼变为4.5只足。

接着用足数减去眼数，即139.5-102=37.5。因为此时乌龟的足数与眼数相等，所以相减后乌龟被全部减掉，那么，相减之后的结果37.5就是团鱼的足数比团鱼的眼数多出的部分。因为此时每只团鱼有4.5只足，而每只团鱼有2只眼，所以就每只团鱼而言，足比眼多2.5只，这样用37.5÷2.5=15就是团鱼的个数。

再用（102-15×2）÷6=12即可得到乌龟的数量。

掌握了“野鸡独立，兔子举手”的核心思想，我们就可以用算术方法解决很多类似的问题。

4.8 数人买物

今有人共买物，人出八，盈三；人出七，不足四。问人数，物价各几何？

——选自《九章算术》

题目示意：

有一些人共同买一个物品，每人出8元，还盈余3元；每人出7元，则还差4元。请问共有多少人？这个物品的价格是多少？

分析

这是《九章算术》中一道很有名的题目，本题的解法阐述了古算中一个非常重要的算法——“盈不足术”。下面我们就具体分析一下此题。

本题最直观、最简单的解法就是应用方程组求解。假设共有x个人，物品的价格为y元，那么根据题目中的已知条件，可列出如下方程组：

$$\begin{cases} 8x-y=3 \\ 7x+4=y \end{cases}$$

很容易计算出来$x=7$，$y=53$。也就是说共有7人，物品的价格为53元。

可惜古人没有方程这一有效的计算工具，所以在计算这类盈亏问题时，古人常用的方法就是前面我们提到的“盈不足术”。

采用盈不足术求解该题的步骤可归纳为如下：

$$\begin{pmatrix} 8 & 7 \\ 3 & 4 \end{pmatrix} \to \begin{pmatrix} 8\times4 & 7\times3 \\ 3 & 4 \end{pmatrix} \to \begin{pmatrix} 8\times4+7\times3 \\ 3+4 \end{pmatrix} \to \frac{53}{7}\text{（每个人应出的钱数）}$$

$$\text{人数}=\frac{3+4}{8-7}=7$$

$$\text{物价}=\frac{8\times4+7\times3}{8-7}=53$$

这样便可以求出共有7人，物品的价格为53元。

你一定感到困惑，不知上面所云为何。下面我们就详细介绍一下。

首先我们将上题的表述抽象化为：有一些人共同买一个物品，每人出x_1元，还盈余y_1元，每人出x_2元，则还差y_2元。请问共有多少人？这个物品的价格是多少？

然后将x_1，y_1，x_2，y_2排成矩阵，如下所示。

$$\begin{matrix} \text{每人出钱} \\ \text{买物数} \\ \text{盈不足数} \end{matrix} \begin{bmatrix} x_1 & x_2 \\ 1 & 1 \\ y_1\text{（盈）} & y_2\text{（不足）} \end{bmatrix}$$

矩阵的第一行为两次交易中每人出的钱数，第一次每人出x_1元，第二次每人出x_2元。矩阵的第二行为买物品的个数，两次交易都是买一件物品。矩阵的第三行为两次交易的盈亏额，第一次交易中盈余y_1元，第二次交易中不足y_2元。

现在我们要计算每人实际应出的钱数，其实就是要找到一种“不盈不亏”的出钱方法。如果将上面矩阵的第一列都乘以y_2，第二列都乘以y_1，就可以得到如下的矩阵。

$$\begin{matrix}\text{每人出钱}\\ \text{买物数}\\ \text{盈不足数}\end{matrix}\begin{bmatrix} x_1y_2 & x_2y_1 \\ y_2 & y_1 \\ y_1y_2(\text{盈}) & y_2y_1(\text{不足}) \end{bmatrix}$$

这个矩阵可以表述为：第一次交易，每人出钱x_1y_2元，买y_2个物品，盈余y_1y_2元；第二次交易，每人出钱x_2y_1元，买y_1个物品，还差y_1y_2元。如果将两次交易相加，每人出钱$x_1y_2+x_2y_1$元，买y_1+y_2个物品，则盈、不足抵消，即不盈不亏。所以可以得出结论：买1件物品，每人应出钱$\frac{x_1y_2+x_2y_1}{y_1+y_2}$元，这样不盈也不亏。

下面我们计算人数。因为第一次每人出x_1元，盈余y_1元，第二次每人出x_2元，还差y_2元，所以两次交易相差的总金额为y_1+y_2元，而第一次跟第二次交易中每人出钱相差x_1-x_2元。

这样我们用总金额之差除以每人出钱之差，得到的就一定是人数。因此可以得出结论，人数$=\frac{y_1+y_2}{x_1-x_2}$。

于是，物价=人数×每人应出的钱数$=\frac{x_1y_2+x_2y_1}{y_1+y_2}\times\frac{y_1+y_2}{x_1-x_2}=\frac{x_1y_2+x_2y_1}{x_1-x_2}$元。

在《九章算术》中，x_1和x_2被称作“所出率”，y_1和y_2被称作“盈”或者“不足”。如果用x_0表示每人实际应出钱数，A表示人数，B表示物价，那么“盈不足术”可归纳总结为以下三个公式：

$$\begin{cases} x_0=\dfrac{x_1y_2+x_2y_1}{y_1+y_2} \\ A=\dfrac{y_1+y_2}{|x_1-x_2|} \\ B=\dfrac{x_1y_2+x_2y_1}{|x_1-x_2|} \end{cases}$$

所以今后我们再遇到这类盈亏的问题时，就可以使用“盈不足术”，套用上述三个公式进行计算了。

“盈不足术”不仅可以用来求解这类“买物盈亏”的问题，而且还可以用来解决其他盈亏的问题。例如《算法统宗》中有一道名为“隔墙分银”的题目：

隔墙听得客分银，不知人数不知银，七两分之多四两，九两分之少半斤。（注：古代1斤等于16两）。

这道题目用盈不足术求解也极为方便，解法如下：

$$\begin{pmatrix} 7 & 9 \\ 4\text{(盈)} & 8\text{(不足)} \end{pmatrix} \rightarrow \begin{pmatrix} 7\times 8 & 9\times 4 \\ 4 & 8 \end{pmatrix} \rightarrow \begin{pmatrix} 7\times 8+9\times 4 \\ 4+8 \end{pmatrix} \rightarrow \frac{92}{12}\text{(每个人应分的钱数)}$$

$$\text{人数}=\frac{4+8}{9-7}=6$$

$$\text{物价}=\frac{92}{12}\times 6=46$$

所以答案是6人，分银46两。

知识扩展　中国古代数学的不朽名著——《九章算术》

《九章算术》是我国现存最早的古代数学著作之一，它在中国数学史上有着举足轻重的地位，是影响中国古代数学发展的一部不朽巨著，被列为《算经十书》之首。这本书的作者已不可考，一般认为它是经历代各家的增补修订，逐渐成为现今定本的。

《九章算术》涉猎广泛、内容丰富，全书共包含9章，分为二百四十六题二百零二术，内容大致包括：

（1）方田：主要是田亩面积的计算和分数的计算，是世界上最早对分数进行系统叙述的著作；

（2）粟米：主要是粮食交易的计算方法，其中涉及许多比例问题；

（3）衰分：主要内容为分配比例的算法；

（4）少广：主要讲开平方和开立方的方法；

（5）商功：主要是土石方和用工量等工程数学问题，以体积的计算为主；

（6）均输：计算税收等更加复杂的比例问题；

（7）盈不足：讨论盈不足术及双设法的问题；

（8）方程：主要是联立一次方程组的解法和正负数的加减法，在世界数学史上是第一次出现；

（9）勾股：勾股定理的应用等。

在《九章算术》一书中，一般只列出了题目及解决此题的算法，没有任何解释和证明，这也被人们认为是《九章算术》的一个缺憾。但是后世不乏有人为《九章算术》作注，提出自己的心得，并为一些算法加以证明。其中最为著名的当推三国时期魏元帝景元四年（263年）刘徽为《九章算术》作注。

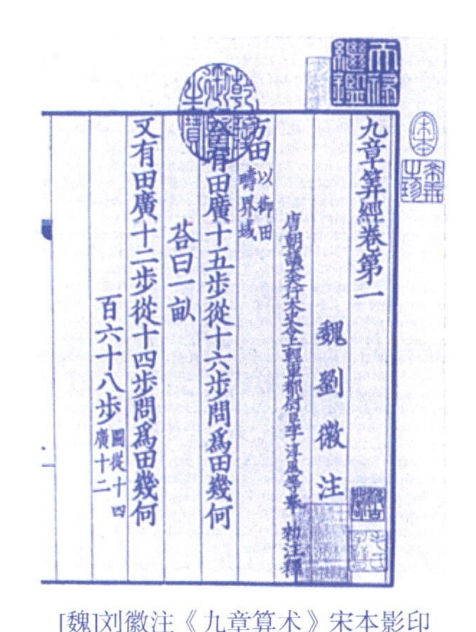
九章筭經卷第一
魏劉徽注
唐朝議大夫行太史令上輕車都尉臣李淳風等奉勅注釋
方田 以御田疇界域
今有田廣十五步從十六步問爲田幾何
荅曰一畝
又有田廣十二步從十四步問爲田幾何
百六十八步 圖從十四廣十二

[魏]刘徽注《九章算术》宋本影印

4.9 窥测敌营

问敌军处北山下原，不知相去远近。乃于平地立一表，高四尺，人退表九百步，步法五尺，遥望山原，适于表端参合。人目高四尺八寸。欲知敌军相去几何？

——选自《数书九章》

题目示意：

敌军的兵营处于北山脚下的平地上，但不知离我军有多远。为了测量远近，在平地上立了一个标杆，标杆高4尺。然后人退后900步，每步长5尺，目测敌军兵营，这时人眼、标杆顶端、敌军兵营处于一条直线上。已知人高4尺8寸。请问敌军兵营距离我军有多远？

分析

中国古代数学不但在算术研究方面成绩斐然，而且在几何学的研究上也硕果颇丰。由于当时的中国以农业生产为主，因此丈量土地、计算面积、估测距离等计算就成为人们生产生活中所必需的技术。正因为此，我国古代的数学家对几何学的探索和研究也是相当深入的。例如《九章算术》中卷一第一章就是“田方章”，魏刘徽注《九章算术》将其解读为“以御田畴界域”，意思就是计算平面图形的周长和面积。足见几何在中国古代数学中的重要地位。

本题就是一道估测距离的古算几何题。从题目给定的已知条件中，我们可以抽象出图4-3所示的几何关系图。

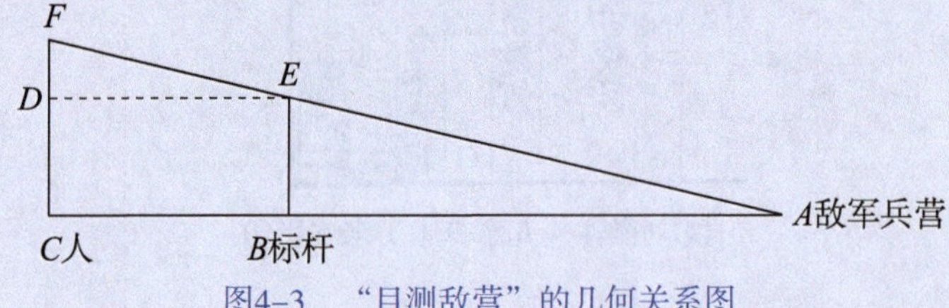

图4-3　“目测敌营”的几何关系图

如图4-3所示，敌营处于图中A处，B处立有一根标杆，标杆的高度$BE=4$（尺）。人退后标杆900步站在C处，因为每步步长5尺，所以CB的距离为$900\times5=4\ 500$（尺）。人高4尺8寸，所以$CF=4.8$（尺）。此时点F、E、A处在同一直线上。我们需要计算的是AB之间的距离。

根据平面几何的知识易知$\Delta FDE \backsim EBA$，因此有以下对应关系，

$$\frac{FD}{EB}=\frac{DE}{AB}$$

因为$FD=FC-DC=FC-EB=4.8-4=0.8$（尺），$EB=4$（尺），$DE=CB=4\ 500$（尺），所以将这三个值代入上式可计算出AB的长度，

$$\frac{0.8}{4}=\frac{4\ 500}{AB}\Rightarrow AB=22\ 500$$

因此敌军兵营距离标杆大约22 500尺，换算成里数为12.5里。

4.10 三斜求积术

问沙田一段，有三斜，其小斜一十三里，中斜一十四里，大斜一十五里。里法三百步，欲知为田几何？

——选自《数书九章》

题日示意：

有一段沙田，由三条边构成一个三角形，已知最短的边长13里，中间长度的边长14里，最长的边长15里，1里300步，问这段沙田的面积是多少？

分析

本题探讨的是三角形的三条边长与三角形面积之间的关系。在《数书九章》中对这个问题有过深入的探讨，这就是著名的秦九韶“三斜求积术”。下面我们就来看一下古人是怎样利用三角形的三条边长计算三角形的面积的。

在秦九韶的“三斜求积术”中，将不等边三角形的三条边依据其长短分别称为大斜、中斜、小斜，如图4-4所示。

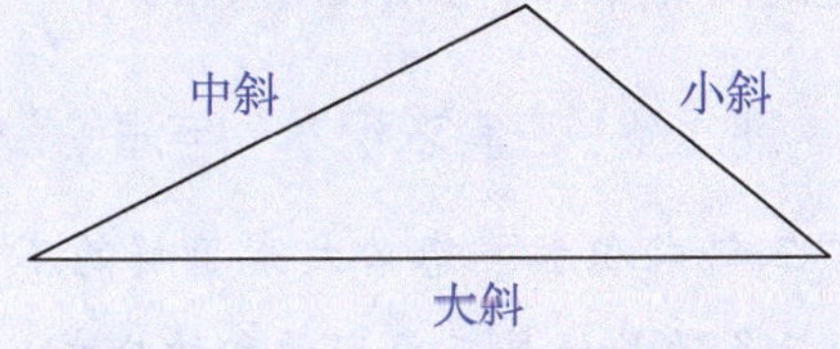

图4-4 三角形中的大斜、中斜、小斜

其中最长的边称为“大斜”，中长的边称为“中斜”，最短的边称为“小斜”。那么，根据“三斜求积术”，三角形的面积为：

$$面积=\frac{1}{2}\sqrt{小斜^2\times大斜^2-\left(\frac{大斜^2+小斜^2-中斜^2}{2}\right)^2}$$

如果用字母S表示面积，a表示大斜，b表示中斜，c表示小斜，那么上述公式可表达为：

$$S_\triangle=\frac{1}{2}\sqrt{a^2c^2-\left(\frac{a^2+c^2-b^2}{2}\right)^2}$$

本题中已知大斜a=15（里），中斜b=14（里），小斜c=13（里），代入上式得

$$S_\triangle=\frac{1}{2}\sqrt{15^2\times13^2-\left(\frac{15^2+13^2-14^2}{2}\right)^2}$$

$$S_\triangle=\frac{1}{2}\sqrt{225\times169-\frac{1}{4}(225+169-196)^2}$$

$$S_\triangle=\frac{1}{2}\times168=84$$

所以三角形沙田的面积为84平方里，因为按照旧制，1里=300步，1亩=240平方步，100亩=1顷，所以沙田的面积为84×90 000÷240÷100=315（顷）。

我们不得不叹服古人的智慧，只需要知道三角形的三条边就可以准确地求出三角形的面积，这确实是一个很了不起的公式！

秦九韶的“三斜求积术”可以应用余弦定理证明，在这里就不再给出具体的证明过程，有兴趣的读者可以参考相关的书籍。

知识扩展

秦九韶“三斜求积术”与海伦公式

说起秦九韶的“三斜求积术”想必大家了解的不多，但是有一个更为著名的利用三角形三条边长计算三角形面积的公式，大家可能会比较熟悉，这就是著名的海伦公式。海伦公式描述如下：

设三角形ABC三条边对应的边长分别为a，b，c，如图4–5所示。

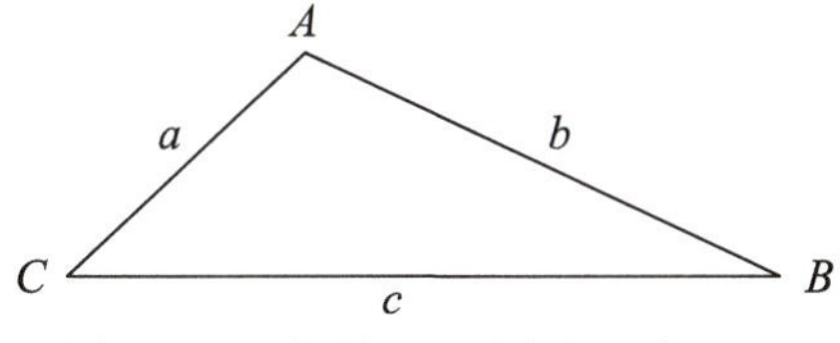

图4-5　三角形ABC对应的三条边长

那么该三角形的面积为：

$$S_{\triangle ABC}=\sqrt{p(p-a)(p-b)(p-c)}$$

$$\text{其中}p=\frac{a+b+c}{2}$$

例如上题中a=15，b=14，c=13，代入海伦公式可得，

$$a=15,\ b=14,\ c=13$$

$$p=\frac{15+14+13}{2}=21$$

$$S_{\triangle ADC}=\sqrt{p(p\quad a)(p\quad b)(p\quad c)}$$

$$S_{\triangle ABC}=\sqrt{21\times(21-15)\times(21-14)\times(21-13)}=84$$

可见，海伦公式的计算结果与“三斜求积术”的计算结果是一致的。

那么，海伦公式与“三斜求积术”到底是怎样的关系呢？两个公式等价吗？下面我们就来推导一下二者的等价关系。

$$S_{\triangle}=\frac{1}{2}\sqrt{a^2c^2-\left(\frac{a^2+c^2-b^2}{2}\right)^2}$$

$$\Leftrightarrow (S_{\triangle})^2=\frac{1}{4}\left[a^2c^2-\left(\frac{a^2+c^2-b^2}{2}\right)^2\right]$$

$$\Leftrightarrow 16(S_{\triangle})^2=4\left[a^2c^2-\frac{1}{4}(a^2+c^2-b^2)^2\right]$$

$$\Leftrightarrow 16(S_{\triangle})^2-4a^2c^2-(a^2+c^2-b^2)^2$$

$$\Leftrightarrow 16(S_{\triangle})^2=(2ac+a^2+c^2-b^2)(2ac-a^2-c^2+b^2)$$

$$\Leftrightarrow 16(S_{\triangle})^2=[(a+c)^2-b^2][b^2-(a-c)^2]$$

$$\Leftrightarrow 16(S_{\triangle})^2=(a+c+b)(a+c-b)(b+a-c)(b-a+c)$$

$$\Leftrightarrow 16(S_{\triangle})^2=(a+b+c)(a+b+c-2b)(a+b+c-2c)(a+b+c-2a)$$

令$p=\dfrac{a+b+c}{2}$，则有

$$\Leftrightarrow 16(S_{\triangle})^2=2p(2p-2b)(2p-2c)(2p-2a)$$

$$\Leftrightarrow 16(S_{\triangle})^2=16p(p-b)(p-c)(p-a)$$

$$\Leftrightarrow (S_{\triangle})^2=p(p-b)(p-c)(p-a)$$

$$\Leftrightarrow S_{\triangle}=\sqrt{p(p-b)(p-c)(p-a)}$$

可见，海伦公式与秦九韶的“三斜求积术”是完全等价的。所以，海伦公式又被称为“海伦—秦九韶公式”。

南宋数学家秦九韶于1247年提出了著名的 “三斜求积术”，虽然它与海伦公式的形式不同，但本质是一样的。这个公式的提出具有世界性意义，它充分地证明了我国古代就已具备了很高的数学水平。

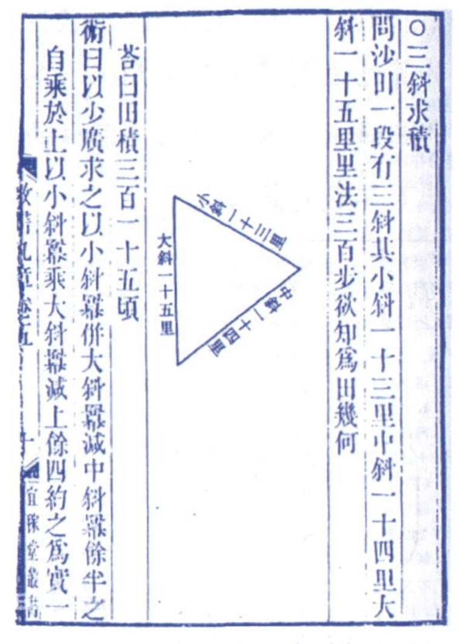
○三斜求積
問沙田一段有三斜其小斜一十三里中斜一十四里大斜一十五里里法三百步欲知爲田幾何
小斜一十三里
中斜一十四里
大斜一十五里
荅曰田積三百一十五頃
術曰以少廣求之以小斜冪并大斜冪減中斜冪餘半之自乘於上以小斜冪乘大斜冪減上餘四約之爲實一

《数书九章》中的三斜求积问题

计算机是20世纪初人类的一项重要发明成果。它的发明对人类的生产活动和社会活动产生了极其重要的影响。当古老的数学遇到现代的计算机会碰撞出什么样的火花呢？其实计算机与数学有着不解的渊源。首先，计算机的发明者是约翰·冯·诺依曼，他是20世纪一位著名的数学家。其次，计算机的发明最初是为了满足计算弹道的需要而研制成的。因此发明计算机的最初目的是为了帮助我们解决一些复杂的数学问题，而随着后来不断地演进和发展，计算机也被赋予了更多、更广的用途。

本节将向大家普及一些计算机方面的知识，也许我们在平常使用计算机时从未考虑过这些内容，但是即便当我们有一天想知道“这是为什么”的时候，也不尽然都能完全理解，而恰恰是这些隐藏在表象背后的知识才是我们更需要了解的。在了解这些内容后，你会发现计算机与数学是那样紧密地结合在一起，如影随形，处处闪烁着数学的智慧，你也会更加感叹数学的魅力……

第5章 当数学遇到计算机

5.1 计算机中的二进制世界

我们每天打开电脑，展现在我们面前的大都是五彩缤纷的网页、炫酷的视频，或者就是各种各样的软件、游戏、聊天工具……你有没有想过这些充满显示屏的花花绿绿的东西都是什么？他们在计算机中是以什么样的形式存在的？它们又是怎样在计算机中展示的呢？

有一些计算机常识的人或许知道，计算机中的数据都是以二进制的形式存在的——小到我们打开记事本输入的一个字母，大到整个操作系统。它们呈现在我们面前的形式各异，但是其本质都是由0/1组成的二进制码。这就如同人身体中的细胞一样，结构虽然简单，但却由它们组成了一个庞大的机体。本节将带大家走进计算机中的二进制世界……

5.1.1 什么是二进制

作为电子设备，计算机中的电平信号都是用电压的高与低来表示的，如果将高电压信号表示为数据1，将低电压信号表示为数据0，那么计算机中的电平信号就会是一串由0和1组成的数据流。所以从计算机诞生的那一天开始，二进制数据就作为计算机中数据和信号的载体一直沿用至今。

那么，我们如何来理解二进制数据呢？我们首先来回顾一下再熟悉不过的十进制数据。

我们从上小学一年级开始就接触了数字，但是大家可能并没有关注到一点——其实这些数字都是十进制的数字。所谓十进制数字就是用十进制计数法表示的数字。在十进制计数法中只能用0，1，2，3，4，5，6，7，8，9这10个数字表示一个数，一个数中不同的数位表示的含义也不同。例如一个十进制数12 345，共有5个数位，它们各自的含义如图5–1所示。

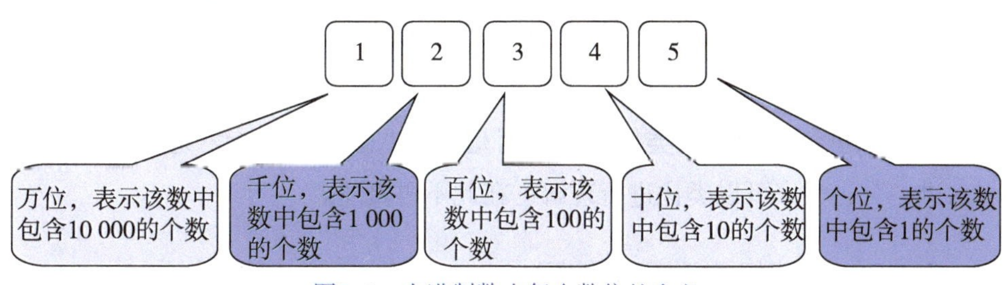

图5–1　十进制数中每个数位的含义

因此十进制数字12 345的含义就是：该数中包含1个10 000，2个1 000，3个100，4个10和5个1，即：

$$12\ 345=1\times10^4+2\times10^3+3\times10^2+4\times10^1+5\times10^0$$

以上就是十进制计数法的含义，相信大家很容易理解。

有了上面的基础，二进制计数法就不难理解了。在二进制计数法中只能用0和1这两个数字表示一个数，同样一个数中不同的数位表示的含义也不相同。例如一个二进制数11001，共有5位，其含义如图5–2所示。

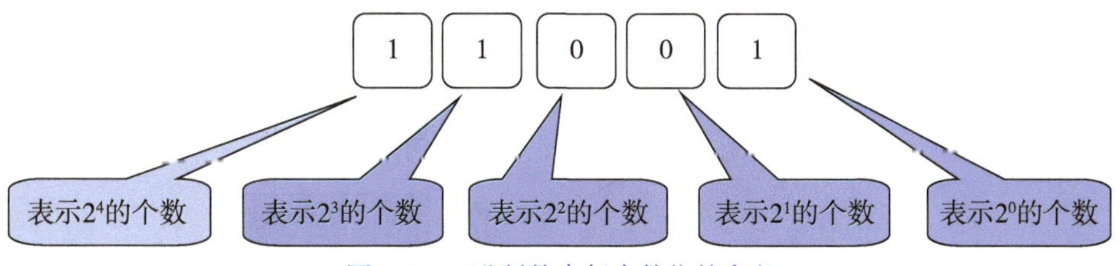

图5–2　二进制数中每个数位的含义

因此二进制数11001的含义就是：该数中包含1个2^4，1个2^3，0个2^2，0个2^1和1个2^0。因此该数等于：

$$11001=1\times 2^4+1\times 2^3+0\times 2^2+0\times 2^1+1\times 2^0=25$$

这样大家就明白了，其实二进制数跟我们熟悉的十进制数类似，只是每个数位代表的含义不同，对于十进制数是“逢十进一”，而对于二进制数则是“逢二进一”。之所以古代的数学选择使用十进制计数法，有一种说法是说因为人都长有10个手指头，采用十进制计数法计数比较方便。而到了信息化的时代，计算机作为新型的计算工具登上历史舞台。计算机并不需要用十个指头计数，它更需要的是高脉冲与低脉冲的电平信号，所以二进制计数法从此崭露头角，成为数字化信息的表达方式，也越来越广泛地为人们所熟悉。

其实计算机中常用的数制除了二进制外还包括八进制和十六进制，与前面讲到的二进制和十进制类似，八进制是“逢八进一”，十六进制则是“逢十六进一”，大家可以类比进行理解，在此不再赘述。

5.1.2 计算机中数据及编码

前面已经讲到，在计算机中所有的数据都是以二进制的形式存在的。虽然只有简单的0和1两种数码，但是它们的编码形式繁多，呈现在用户面前的形式也千差万别。例如，同样的二进制流01000001，它所表达的含义在不同的环境中可能会有很大的差别。

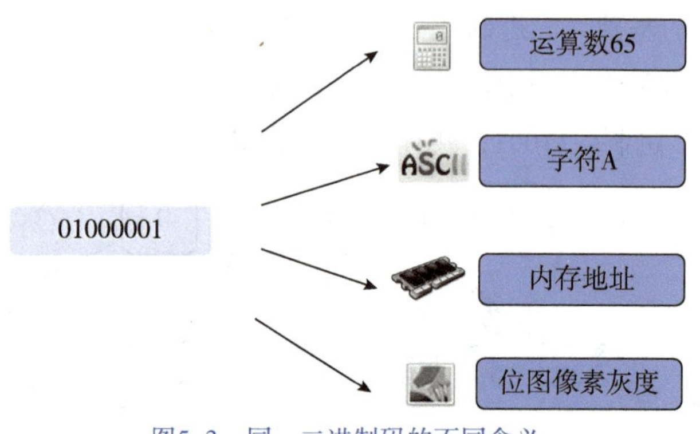

图5-3　同一二进制码的不同含义

如图5-3所示，如果作为运算数，它表示的是十进制数65；如果将这串二进制码以字符形式展现在屏幕上，则它就是字符“A”的ASCII码；同时它还可能表示一个8位机（早期的计算机）的内存地址，抑或是一个位图文件（BMP）的某个像素点的灰度值……所以在计算机中抽象地说某一串二进制码是什么含义没有任何意义，要将它放到某个具体的环境中来理解。

在我们平时使用电脑时，最为直观地感受到二进制数据的地方可能就是屏幕上显示的各种字符了。在我们浏览网页、编辑Word文档、或是使用QQ聊天时看到的或许就是一些英文字符、中文字符、标点符号、特殊字符……其实这些字符在计算机中同样都是以二进制数据的方式存储的。下面我们就来探讨一下这些二进制数据是如何表达出各种形式的字符的。

1. 编码方式

在这里首先要引入一个概念——编码方式。在计算机中，数据信息可分为两种：数值信息和非数值信息。数值信息就是我们前面提到的用于运算操作的数据，例如运算数65；而非数值信息主要包括用于显示的字符、图形符号等。所谓编码方式就是对这些非数值信息的字符和符号的二进制码进行编码的规则。同样在计算机屏幕上显示字符A，采用不同的编码方式，对应的二进制码可能是完全不同的。我们通过下面这个例子来解释这个问题。

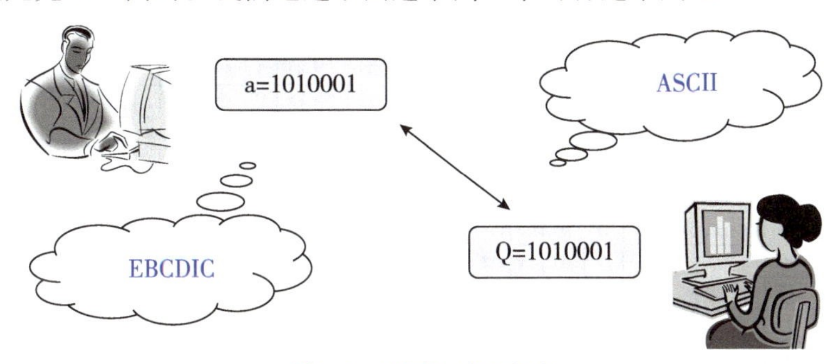

图5-4 不同的编码方式

如图5-4所示，A先生给B女士发送了一个字母a，在A先生的计算机中，字母的编码采用EBCDIC的编码方式，因此字母a对应的二进制码为1010001。当这串二进制码传送到B女士的计算机中时，B女士的计算机采用ASCII码的方式对1010001进行解析，而在ASCII码中字母Q对应的二进制码为1010001，因此在B女士的计算机屏幕上显示的是字母Q而不是字母a。从这个实例中我们会发现，同样是二进制码1010001，采用不同的编码方式，解析出来的内容是不一样的，展现在人们面前的形式也不相同。

为什么要有这么多的编码方式呢？如果统一成一种编码方式就不会出现这种解析错误的情况了吧？这个与不同的编码方式本身的特性有关，在某些场合下使用某种编码方式会更加合适，而使用另外的编码方式可能就不太适合。所以字符的编码方式不能追求完全的统一，要根据应用的场景具体问题具体分析。下面介绍两种计算机中常用的编码方式ASCII码和GB2312码。

2. ASCII码

ASCII码的全称是American Standard Code for Information Interchange，即美国信息交换标准代码。它是用7位二进制进行编码，一共可以表示$2^7=128$个字符。在ASCII码中，编码值0～31为控制字符，一般用于通信控制或者设备的功能控制。编码值32为空格字符（SP）。编码值127为删除（DEL）码。其余的94个字符为可打印字符。标准的ASCII码表如图5-5所示。

高四位 / 低四位		ASCII非打印控制字符										ASCII 打印字符												
		0000					0001					0010		0011		0100		0101		0110		0111		
		0					1					2		3		4		5		6		7		
		十进制	字符	ctrl	代码	字符解释	十进制	字符	ctrl	代码	字符解释	十进制	字符	十进制	字符	十进制	字符	十进制	字符	十进制	字符	十进制	字符	ctrl
0000	0	0	BLANK NULL	^@	NUL	空	16	►	^P	DLE	数据链路转意	32		48	0	64	@	80	P	96	`	112	p	
0001	1	1	☺	^A	SOH	头标开始	17	◄	^Q	DC1	设备控制 1	33	!	49	1	65	A	81	Q	97	a	113	q	
0010	2	2	☻	^B	STX	正文开始	18	↕	^R	DC2	设备控制 2	34	"	50	2	66	B	82	R	98	b	114	r	
0011	3	3	♥	^C	ETX	正文结束	19	‼	^S	DC3	设备控制 3	35	#	51	3	67	C	83	S	99	c	115	s	
0100	4	4	♦	^D	EOT	传输结束	20	¶	^T	DC4	设备控制 4	36	$	52	4	68	D	84	T	100	d	116	t	
0101	5	5	♣	^E	ENQ	查询	21	§	^U	NAK	反确认	37	%	53	5	69	E	85	U	101	e	117	u	
0110	6	6	♠	^F	ACK	确认	22	■	^V	SYN	同步空闲	38	&	54	6	70	F	86	V	102	f	118	v	
0111	7	7	●	^G	BEL	震铃	23	↨	^W	ETB	传输块结束	39	'	55	7	71	G	87	W	103	g	119	w	
1000	8	8	◘	^H	BS	退格	24	↑	^X	CAN	取消	40	(	56	8	72	H	88	X	104	h	120	x	
1001	9	9	○	^I	TAB	水平制表符	25	↓	^Y	EM	媒体结束	41	)	57	9	73	I	89	Y	105	i	121	y	
1010	A	10	◙	^J	LF	换行/新行	26	→	^Z	SUB	替换	42	*	58	:	74	J	90	Z	106	j	122	z	
1011	B	11	♂	^K	VT	竖直制表符	27	←	^[	ESC	转意	43	+	59	;	75	K	91	[	107	k	123	{	
1100	C	12	♀	^L	FF	换页/新页	28	∟	^\	FS	文件分隔符	44	,	60	<	76	L	92	\	108	l	124	|	
1101	D	13	♪	^M	CR	回车	29	↔	^]	GS	组分隔符	45	-	61	=	77	M	93	]	109	m	125	}	
1110	E	14	♫	^N	SO	移出	30	▲	^6	RS	记录分隔符	46	.	62	>	78	N	94	^	110	n	126	~	
1111	F	15	☼	^O	SI	移入	31	▼	^-	US	单元分隔符	47	/	63	?	79	O	95	_	111	o	127	Δ	^Back space

图5-5　标准ASCII码表

如图5-5所示，ASCII码中编码值从0到31都为控制字符，因此在屏幕上显示出来的都是乱码，其实这些字符并不是为了打印输出的，而是用于通信控制或者设备的功能控制。编码值为32的字符为空格符，因此显示为空白。编码值为127的字符为删除码。从33到126这94个字符都是可以在屏幕上输出的具有确定含义的字符，这其中包括大小写的英文字符、数字字符，以及一些标点符号、括号等常用字符。

ASCII码现在已被国际标准化组织（International Organization for Standardization，ISO）定为国际标准，适用于所有拉丁文字字母。但是ASCII码也存在着很大的局限，最明显的一点就是它不能表达汉字字符。

3. GB 2312码

GB 2312编码是目前最为常用的中文字符编码方式。中国国家标准总局在1980年发布了《信息交换用汉字编码字符集》，并在次年的5月1日正式开始实施了这套国家标准，其标准号是GB 2312—1980。于是GB 2312编码横空出世，成为使用最为广泛的中文字符编码方式。GB 2312标准共收录6 763个汉字，涵盖了所有的常用汉字，其中一级汉字3 755个，二级汉字3 008个。与此同时，GB 2312还收录了包括拉丁字母、希腊字母、日文平假名及片假名字母、俄语西里尔字母在内的682个全角字符，共计7 445个字。因此GB 2312码所能表示的字符范围十分广泛，基本满足了汉字的计算机处理需求，几乎所有的中文系统和国际化的软件都支持GB 2312。

GB 2312编码方式是以区位码为基础的。GB 2312编码共包含94个区，每个区内有94个位，一个区号加上一个位号对应一个字符的编码。例如汉字“啊”在GB 2312字符集中处于第16区中的第1位上，因此“啊”字对应的区位码为1601。在GB 2312字符集中，不同类型的字符对应的分区也不相同，例如01—09区为特殊符号区段，一些特殊符号的编码都处在该区段内。GB 2312字符的区位排列分布情况如表5-1所示。

表5-1　GB 2312 字符编码分布表

分区范围	符号类型	区段划分
第01区	中文标点、数学符号以及一些特殊字符	特殊符号区
第02区	各种各样的数学序号	
第03区	全角西文字符	
第04区	日文平假名	
第05区	日文片假名	
第06区	希腊字母表	
第07区	俄文字母表	
第08区	中文拼音字母表	
第09区	制表符号	
第10～15区	无字符	
第16～55区	一级汉字（以拼音字母排序）	汉字区
第56～87区	二级汉字（以部首笔画排序）	
第88～94区	无字符	

这样在GB 2312编码方式中，每个字符都对应一个唯一的区位码，其中包含了所有常用的汉字及一些特殊的符号。但是在计算机中，GB 2312编码并不是直接采用区位码的形式进行编码，而是采用EUC储存方法，这样可以兼容ASCII码。这个原理可通过图5-6加以说明。

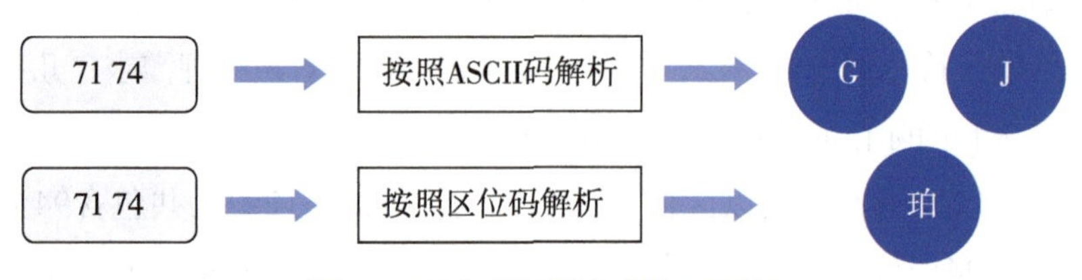

图5-6　区位码解析产生的二义性

如图5-6所示，同样是字符编码7174，如果采用ASCII编码方式进行解析，则对应的是2个字符“G”和“J”，而对应的区位码又是汉字“珀”。所以为了避免产生这种二义性，GB 2312字符在进行存储时采用EUC的存储方式。具体做法是：将区码和位码分别存储一个字节，高字节存储区码，低字节存储位码。因为区码和位码的范围都在1～94之间，所以只要7位二进制码就可以表示，但这样的范围同ASCII码的存储表示冲突，因此在计算机实际存储时，采用将区码和位码分别加上A0H（十六进制形式，其对应的二进制码为10100000）的方法将其转换为存储码。例如“啊”字对应的区位码为1601，将其转换为存储码的过程如图5-7所示。

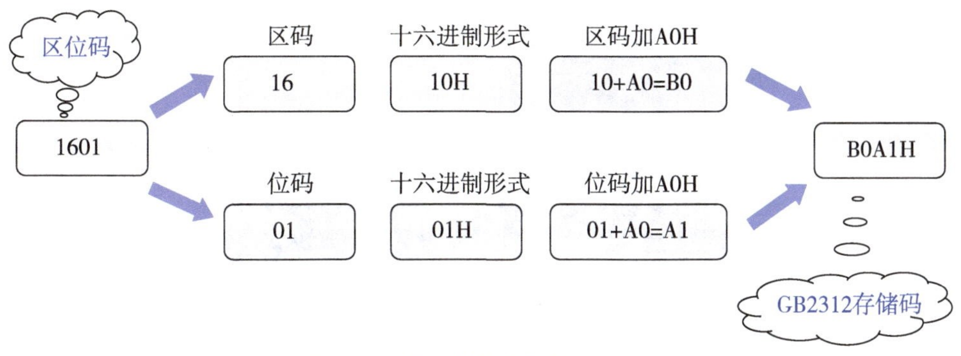

图5-7　区位码转换为存储码的过程

按照图5-7所示的方式将区位码转换为存储码，便可消除区位码编码带来的二义性，同时可以与ASCII码兼容。

以上向大家简要地介绍了二进制计数法及计算机中数据的编码方式。相信大家对计算机中的二进制世界也有了一定的了解。当然这也只是管中窥豹，计算机中的数据信息相当庞大，数据的形式也多种多样。但是唯一不变的就是所有的数据都是以二进制的形式存在，只有0和1两个数字。不要小看二进制中的0和1，它们改变了整个世界。

5.2　计算机中绚烂的图片

每天打开计算机你都会做些什么？浏览各种网站、论坛、贴吧、网上聊天，或是在QQ的空间里分享你的照片……在这个过程中，图片是不可或缺的重要元素。试想如果你的计算机不能支持图片的浏览，那将是一番什么样的景象呢？

如图5-8所示，早期的计算机就是这个样子。因为不支持多媒体显示，所以我们看到的就是这种黑屏和字符界面，用户跟计算机之间的交互也只能通过命令行来完成，这是何等的枯燥！所以计算机中能显示图片对于计算机的普及和流行是至关重要的。也正是由于此，我们的生活才更加绚烂多彩。

图5-8　早期的黑白屏计算机

但是在使用计算机浏览各种图片，或是分享你的自拍时，你有没有想过计算机是怎样在屏幕上显示出颜色丰富的图片的呢？本节我们来讨论这个话题。

5.2.1　计算机中的文件及其解析

在计算机中所有的文件归根到底都是以二进制的数据形式保存的。也就是说，在计算机的磁盘上存储的文件其实都是0101011……这样的二进制数据流。对于计算机而言，这些文件就是一堆没有任何意义的0/1数据而已。那么为什么我们的电脑中会有各种各样不同类型的文件呢？比如我们有Word文件，其后缀名为.doc，可以使用Word软件将其读取和编辑。再比如我们有视频文件，其后缀名可能为.rmvb，可以使用暴风影音等解码工具播放这些视频文件。这就牵扯到一个文件格式的概念。计算机中的文件固然都是由一些0/1码组成的，但是不同0/1码的排布方式就构成不同格式的文件，用相应的软件便可以解析这种格式的文件，从而在计算机中呈现出其真正要表达的样子。图5-9可以形象地说明这一点。

如图5-9所示，一个Word文档（A.doc）在计算机内部其实就是一堆0/1码组成的数据流，但是这些0/1码要按照Word文件的格式（即doc文件格式）排布，只有这样该文件才能被Word软件识别和解析。经过Word应用程序对该文件的解析，呈现在我们面前的就是一个可读的文档。

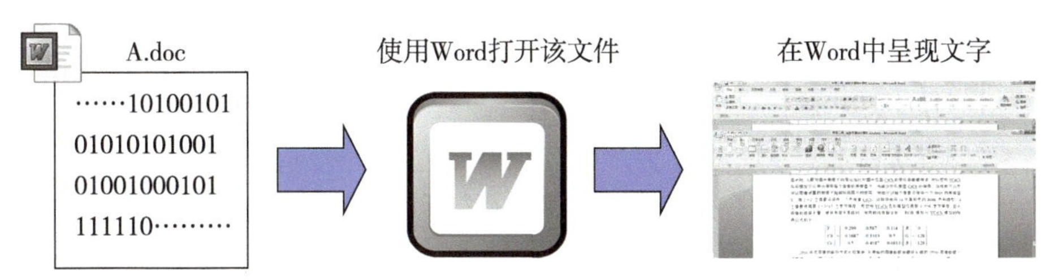

图5–9 文件的解析与呈现

通过上面的解释大家应该能够理解以下几点：

- 所有的文件在计算机内部（磁盘）上存储的形式都是0/1码的数据流；
- 这些0/1码的排布方式决定了文件的格式；
- 不同格式的文件需要特定的软件才能解析（打开），最终以用户可读的形式呈现在计算机上。

图片文件也是一种文件，当然也不例外。我们在计算机中可以浏览、编辑许多格式的图片文件，其实这些文件在磁盘中保存的无外乎就是一些0/1码的数据流。这些0/1码的排布方式决定了图片文件的格式，例如BMP文件、JPEG文件、PNG文件等，其区别就在于文件的0/1码排布方式不尽相同。如果这些图片文件仅保存在计算机的磁盘中是没有任何意义的，只有经过图片浏览器等软件的解析，我们才能在计算机的屏幕上看到这些缤纷绚丽的图片。Windows系统中自带的图片浏览器就是一个功能强大的图片文件解析软件，它可以支持很多格式的图片浏览。

如图5–10所示，不同格式的图片文件都可以被Windows系统预制的图片浏览器解析，并在屏幕上呈现出来。

那么，这些图片又是怎样显示在屏幕上的呢？这个问题跟具体的图片格式有关，不同格式的图片文件解析和显示的方式也不尽相同。我们就以最为简单的位图文件（BMP格式的文件）为例介绍一下图片文件是如何解析和显示的。

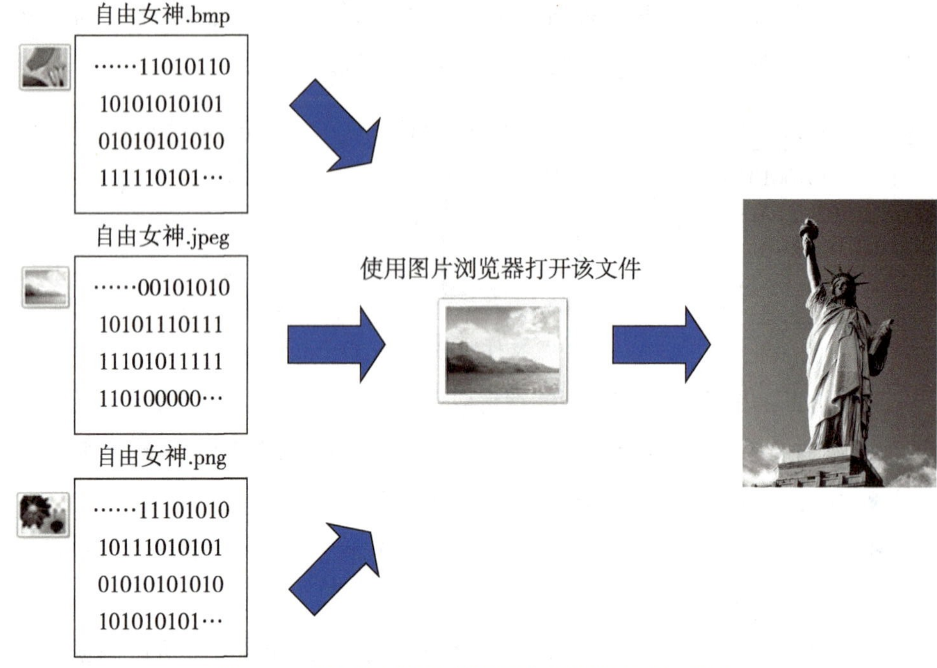

图5-10　不同格式图片使用图片浏览器解析与呈现

5.2.2　BMP图像格式的显示

BMP文件的全称为Bitmap，也称作位图文件，它是Windows操作系统中的标准图像文件格式。BMP文件格式如图5-11所示。

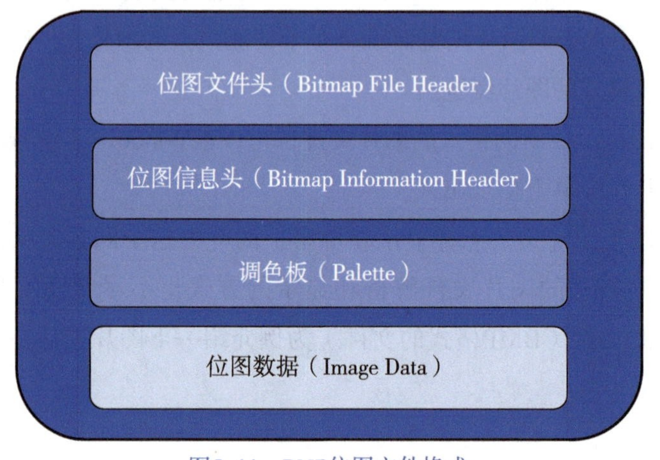

图5-11　BMP位图文件格式

一个BMP格式的位图文件由以下几部分组成：

- 位图文件头以及位图信息头：主要存储位图文件的类型、大小、图像的长宽、分辨率等重要信息。
- 调色板信息：其作用是提供颜色定义以及颜色索引，并不是所有的位图文件都包括调色板，例如24位真彩色位图就不需要调色板。
- 位图数据信息：位图的实际图像数据。位图的类型不同，数据的意义也不同。

BMP图像文件支持单色、16色、256色和24位真彩色4种颜色深度。支持的颜色越多，图片的显示效果越好。单色BMP文件一般只支持黑白两种颜色，因此，它的位图数据信息只有0和1两种数据，每一个像素只需要一位就可以表示。至于0和1分别表示哪种颜色，可以通过查询调色板获得信息。所以，单色的BMP文件信息量是最少的，同时占用空间也最小。如图5-12所示为单色BMP格式文件的数据信息及在屏幕上的显示效果。

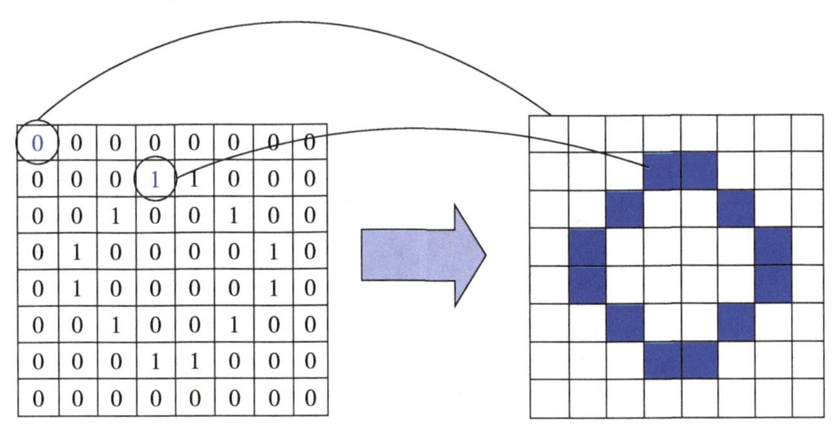

图5-12　单色BMP格式文件的数据信息及在屏幕上的显示效果

如图5-12所示，假设调色板中规定比特位0表示白色，1表示黑色，当使用图片浏览器等软件打开这个单色BMP图片时，软件会分析BMP文件中调色板对颜色的规定，这样位图数据信息中的0就被解析为BMP图中白色像素点，而数据信息中1则被解析为BMP图中的黑色像素点。

16色和256色位图与单色位图类似，只是它们分别用4位二进制数和8位二进制数描述一个像素点的颜色（单色位图只用1位二进制数描述一个像素点的颜色）。4位二进制数可表示$2^4=16$种颜色，因此呈现出16色位图；8位二进制数可表示$2^8=256$种颜色，因此呈现出256色位图。每一个数字代表什么颜色仍然取决于调色板的规定。由于表示一个像素点的位数增多了，因此，在相同分辨率下，256色位图所占的空间大小 > 16色位图所占空间大小 > 单色位图所占空间大小。

24位真彩色位图与上述几种位图有着明显的差别，因为它不需要调色板指定每个数字代表什么颜色。那么24位真彩色位图是怎样在屏幕上显示的呢？

顾名思义，24位真彩色位图是用24位二进制数描述一个像素点的颜色。24位二进制数可表示$2^{24}=16\ 777\ 216$种颜色，因此，24位真彩色位图要远比256色位图能表示更多的颜色，视觉效果也好得多。图5-13是同样分辨率的图片保存成256色位图与24位真彩色位图的视觉效果对比，我们看到差距还是很明显的。

（a）256色位图效果　　（b）24位真彩色位图效果

图5-13　256色位图与24位真彩色位图的显示效果对比

在24位真彩色位图中，每个像素点用3个字节描述（在计算机中每个字节占8位，3个字节共24位），这3个字节分别表示RGB三个彩色分量。在这里应用了RGB色彩模式的概念。RGB色彩模式是工业领域内的一种颜色标准，它通过对红（R）、绿（G）、蓝（B）三个颜色通道的强度变化以及它们相互之间的叠加来得到各式各样的颜色。每个通道内颜色的取值范围为0～255，表示该颜色的强度值。例如RGB={255，0，0}中红色的强度值为255，为最强值，绿色和蓝色的强度值均为0，因此该颜色为标准的红色；RGB={0，0，0}时三个颜色通道强度值均为0，因此叠加到一起只能呈现出黑色（黑色即没有颜色）；RGB={255，255，255}时，三个颜色通道的强度值均达到最强，因此叠加到一起呈现为白色。24位真彩色就是通过红绿蓝这三种颜色的强度变化，以及三种颜色的相互叠加，从而产生出各种各样的颜色。图5-14为Windows系统画图工具中的颜色编辑器，我们只要输入RGB三个颜色分量值就可以在调色板中定位一种颜色。

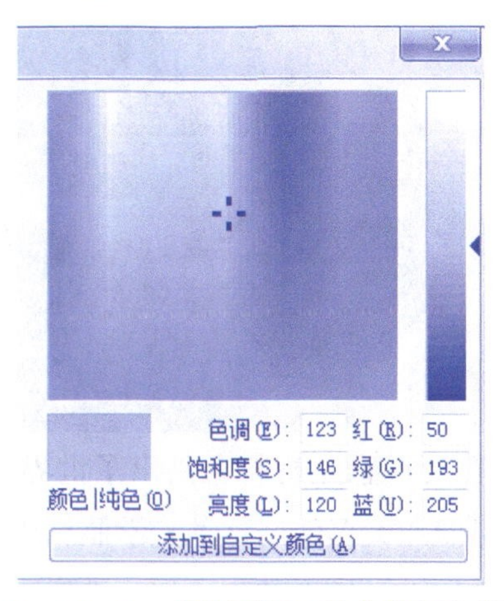

图5-14　Windows系统画图工具中的颜色编辑器

由于24位真彩色位图使用3个字节（24位二进制数）表示一个像素的颜色，所以相同分辨率下它占用的空间大小约是256色位图的3倍。

关于BMP图像的知识，这里只做一个简单的常识性的介绍，如果读者有兴趣更深一步地了解BMP位图的知识，可以参考专业的《数字图像处理》等书籍。

综上所述，不同格式的图片解析和显示的方式不尽相同。但万变不离其宗，无论什么格式的图片，都是通过对图像中每个像素颜色的描述来承载具体的信息。另外，任何类型的图片文件在计算机中才存储的都是一些0/1码构成的二进制数据流，只有通过特定的软件对这些图片进行解析之后才能呈现在计算机的屏幕上。解析图片文件的算法要依赖于图片的具体格式，像BMP、JPEG、PNG、GIF等格式的图片都是世界通用的标准格式，一般的图片浏览器都会支持这些类型的图片浏览。

5.2.3 数码相机与JPEG图片

现在拍一张照片成了再简单不过的事情。市面上的手机基本都支持拍照功能，数码相机也不像从前那样作为奢侈品只有富人才买得起。这些数码设备拍出的照片不同于传统相机拍出的照片，它们有一个共同的名字——数码相片。你知道数码相机是怎样工作的吗？你知道数码相片为什么都是JPEG格式的吗？下面简单介绍一下。

从1822年法国人涅普斯在感光材料上制出了世界第一张照片起，一直到上世纪90年代，人们拍摄照片大多使用这种光学照相机。这种照相机利用几何光学成像原理和化学定像技术，拍出的相片都是模拟图像。伴随着新世纪数字技术的飞速发展，数码照相机得到了广泛的普及。除非是专业的摄影爱好者，现在人们拍照片很少再去买胶卷和洗相片，只要一张小小的存储卡、一个数码相机，或者是一个支持拍照功能的手机，你就可以随手拍下你喜欢的任何景物，并将照片保存在存储卡中。

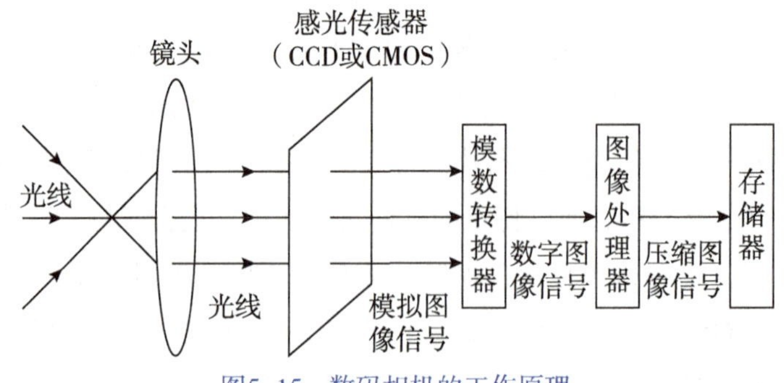

图5-15　数码相机的工作原理

图5-15所示为数码照相机的基本工作原理图。光线穿过镜头后射到镜头后面的感光传感器上。感光传感器是数码相机的核心部件，它由几十万到上千万个光电二极管组成，每个光电二极管都能形成一个像素。当有光线照射到光电二极管，它就会产生电荷累积，而且光线越强，产生的电荷累积就越多，这些累积的电荷最终会转换成像素数据。经过感光传感器的光线会产生电荷累积，但仍是模拟的图像信号，这些模拟信号还需要通过模数转换器（A/D）的加工处理最终变成数字图像信号。模数转换器会将每一个像素的亮度和色彩值量化为具体的数值，这样就将光电二极管产生的模拟信号转换为可存储的数字信号了。图像处理器的作用是接收模数转换器输出的数字信号，并将这些数据保存在相机中的存储器上。

使用过数码相机或手机拍照功能的人都知道，这些数码设备拍出的照片大多为JPEG格式的图片。JPEG是一种常见的图像格式，它由联合照片专家组（Joint Photographic Experts Group）开发并命名为“ISO 10918—1”，人们将联合照片专家组的英文单词首字母组合起来，给这种格式的图片起了一个简单的名字JPEG，或者JPG。在我们的计算机中，安装的图片浏览器等工具大多数都支持解析JPEG格式的图像，因此在计算机上一般都可以轻松浏览我们拍下的数码相片。

数码设备之所以选择JPEG格式作为图像的存储格式，不仅因为JPEG格式是一个国际标准的图像格式，通用性比较强，还因为JPEG格式的图像有其不可替代的优点。

首先，JPEG格式采用了非常先进的压缩技术将图像中冗余的色彩数据去除，从而获得了极高的压缩率，同时又最大限度地保证了图片的质量。其次，JPEG还是一种很灵活的图像格式，它具有调节图像质量的功能，允许用不同的压缩比例对图像文件压缩，压缩比率通常在10:1到40:1之间，压缩比越大，品质就越低，相反地，压缩比越小，品质就越好。再次，JPEG格式压缩的主要是高频信息，对色彩的信息保留较好，适用于互联网，可减少图像的传输时间，可以支持24位真彩色，也普遍应用于需要连续色调的图像。正是因为JPEG格式有以上这些不可替代的优点，才使得它得以广泛地应用。

JPEG图像的格式要比上面介绍的BMP图像格式复杂得多，但这种复杂度换来的是JPEG图片更高的压缩率和更加良好的图片质量。相比而言，同样大小的BMP图片和JPEG图片，JPEG图片的质量会更高。JPEG类型的图片为什么会有更好的压缩率和质量呢？这源于JPEG图片的色彩模型。与传统的位图文件使用的RGB色彩模型不同，JPEG图片使用的是YCrCb色彩模型，其中Y表示像素的亮度（Luminance），CrCb表示像素的色度（Chrominance）。因为人们在观察一张图片时，人眼对图片亮度Y的变化远比对图片色度CrCb的变化要敏感得多，所以应用YCrCb色彩模型可以突出保存每个像素的亮度值Y，而减少对色度值CrCb的保存，这样就可以在保证图像质量的前提下起到压缩图片的作用。例如，可以每个像素点保存一个8位的亮度值Y，每2×2个像素点保存一个色度值CrCb，这样原来用24位真彩色的RGB 色彩模型，4个像素点需要4×3=12个字节保存。而应用YCrCb色彩模型仅需要4+2=6字节保存，但从图像的效果上看，差异是微乎其微的（肉眼很难察觉到）。RGB模型与YCrCb模型的转换公式如下：

$$\begin{bmatrix} Y \\ Cb \\ Cr \end{bmatrix} = \begin{bmatrix} 0.299 & 0.587 & 0.114 \\ -0.1687 & -0.3313 & 0.5 \\ 0.5 & -0.4187 & -0.0813 \end{bmatrix} \begin{bmatrix} R \\ G \\ B \end{bmatrix} + \begin{bmatrix} 0 \\ 128 \\ 128 \end{bmatrix}$$

JPEG格式图像的编码方式比较复杂，从原始的图像数据到最终生成的JPEG图像数据一般要经过：（1）离散余弦变换（DCT）；（2）重排列DCT结果；（3）量化；（4）0 RLE编码；（5）哈夫曼（Huffman）编码；（6）DC编码等几个步骤的处理。有兴趣的读者可以参考《数字图像处理》等专业书籍寻求更深一步的了解。

我们以一张683×1024像素尺寸的图片为例进行以下试验。将其保存成256色BMP格式位图、24位真彩色位图以及JPEG格式的图片。其所占空间大小对比如表5–2所示，图片的效果如图5–16所示。

表5-2 三种格式图片的比较

图片格式	尺寸	图片大小
BMP（256色）	683×1024像素	685KB
BMP（24位）	683×1024像素	2MB
JPEG	683×1024像素	145KB

（a）256色BMP格式　（b）24位BMP格式　（c）JPEG格式

图5-16 三种格式图片的比较

从图片效果上看，256色BMP图片的效果最差，明显失真了。24位BMP图片和JPEG图片的效果无明显差异。从图片占用空间大小来看，同为683×1024像素尺寸的图片，JPEG图片的大小为145KB，占用空间最小，而24位BMP图片的大小为2M，占用空间最大。从这个对比试验中不难发现，JPEG格式具有更好的压缩率和更优质的图片品质，因此数码产品拍出的照片大多为JPEG格式的图片。

5.3 网上支付的安全卫士

现在电子商务十分火爆，人们购物的方式也在潜移默化中发生着改变。以前拎着大包小包逛商场的场面逐渐被在电脑前点点鼠标，添加商品到“购物车”所取代，人们的生活也变得越来越方便和快捷。在这种大环境下，网上支付也变得十分普遍，只要你在银行办一张银行卡并开通网银，就可以足不出户在家实现转账、支付等一系列以前只能在银行柜台才能完成的操作。

网上支付功能一方面给人们带来了巨大的便利——你再也不用去银行排队、等号、填写各种各样的单据了，只要在你的电脑前轻点鼠标，一切工作都能瞬间搞定；但是另一方面网络安全似乎也变得更加重要，因为它关乎到每个人的“钱袋子”。

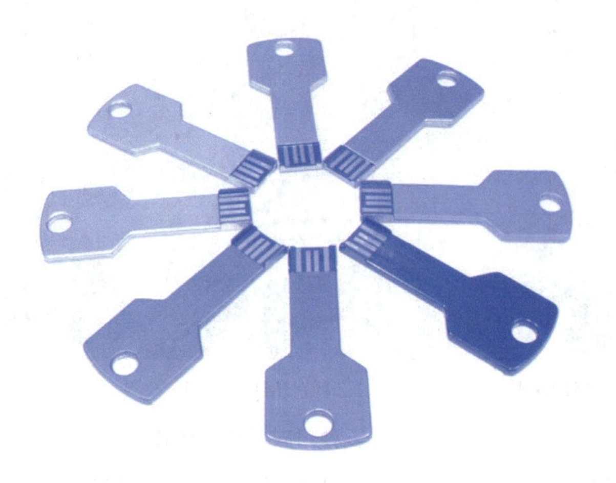

正是出于对网络安全的考虑，当你在银行柜台开通网银时，银行的工作人员一般都会给你一个类似于U盘的东西——一般称之为U盾。这个小东西可以帮你安全地登录网银。每次你在家里登录网银客户端时，都需要先将U盾与电脑连接，等待认证通过后方能登录网银。有了这个东西大家确实放心多了，至少不用整天担心自己账户里的钱被别人划走。但是你在享受这种安全保障服务的同时，有没有想过这个小小的U盾为什么会有这么大的本领呢？它是怎样确保你个人信息安全的？你在用U盾登录网银时，它在背后到底做了些什么？本节我们就来讨论一下这个问题。

5.3.1 公钥密码体制窥探

在讨论U盾的工作原理之前，让我们先来简单地了解一下什么是公钥密码

体制，它是实现U盾的理论基础，也是掌握U盾工作原理的必备知识。

在密码学中普遍使用两种密码体制——对称密码体制和非对称密码体制。对称密码体制已在第1章中有所介绍，它是加密方和解密方共享一个密钥。在整个加密、解密过程中密钥是一个最为关键的因素，一旦密钥在传输过程中被他人截获，那么密文将会不攻自破。因此对称密码体制需要一条确保安全的保密信道来传递这个密钥。

相比之下，非对称密码体制的安全性就更高了。非对称密码体制需要两个密钥：公开密钥（Public Key），简称公钥；私有密钥（Private Key），简称私钥。公开密钥与私有密钥是成对出现的，也就是说，一个公开密钥唯一对应一个私有密钥，同时一个私有密钥也唯一对应一个公开密钥。如果用公开密钥对数据进行加密，那么只有用对应的私有密钥才能对其进行解密；同理，如果用私有密钥对数据进行加密，那么只有用对应的公开密钥才能对其进行解密。因为加密和解密使用的是两个不同的密钥，所以这种密码体制称为非对称密码体制，也叫做公钥密码体制。

正如上面介绍的，非对称密码体制需要一对密钥（公钥和私钥）来实现对数据的加密和解密。其中私钥是绝对保密的，不能对外公开，而公钥是可以公开的。这个道理显而易见，如果私钥和公钥都能公开，那么就没有任何安全性可言；如果公钥和私钥都必须保密，就无异于对称密码体制了。只有像这样公钥公开、私钥保密的方式才能既保证数据的安全性，又不需要特殊的保密信道维护密钥（公钥）的安全，密钥的维护成本大大降低。以此为基础，非对称密码体制有两种实现方式——数据加密和数字签名，如图5-17所示。

如图5-17所示，图中（a）为公钥密码体制下的数据加密模型，（b）为公钥密码体制下的数字签名模型，下面我们分别介绍一下。

数据加密模型是非对称密码体制中最常见、最简单的一种实现方式。首先需要通过特殊的算法生成一对密钥（公钥和私钥），其中私钥交给解密方保存，不可以泄漏，而公钥则可以以任意方式交给加密方使用。数据加密时，加密方使用公钥对要传输的文件进行加密并生成密文，然后将密文发送给解密方。解密方得到加密方发送的密文后，使用自己保存的私钥就可以轻松地将密文解密，从而生成明文。密文在信道上的传输并不需要特殊的安全保护，因为即使密文在传输过程中被第三方截获，因为第三方没有与该公钥配对的私钥，所以也就无法解开密文。

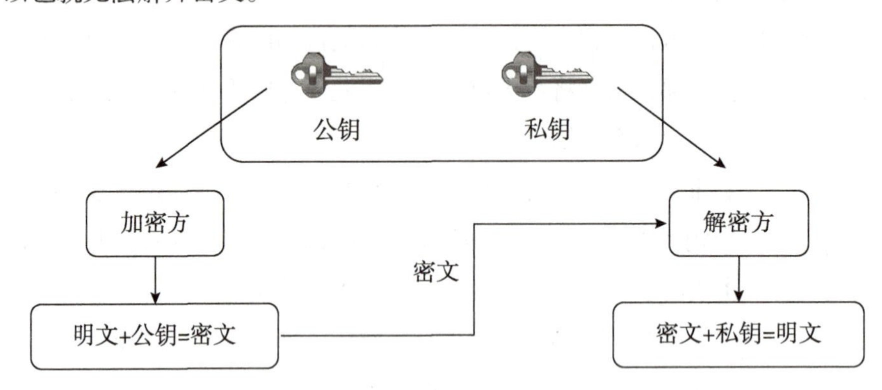

（a）数据加密模型

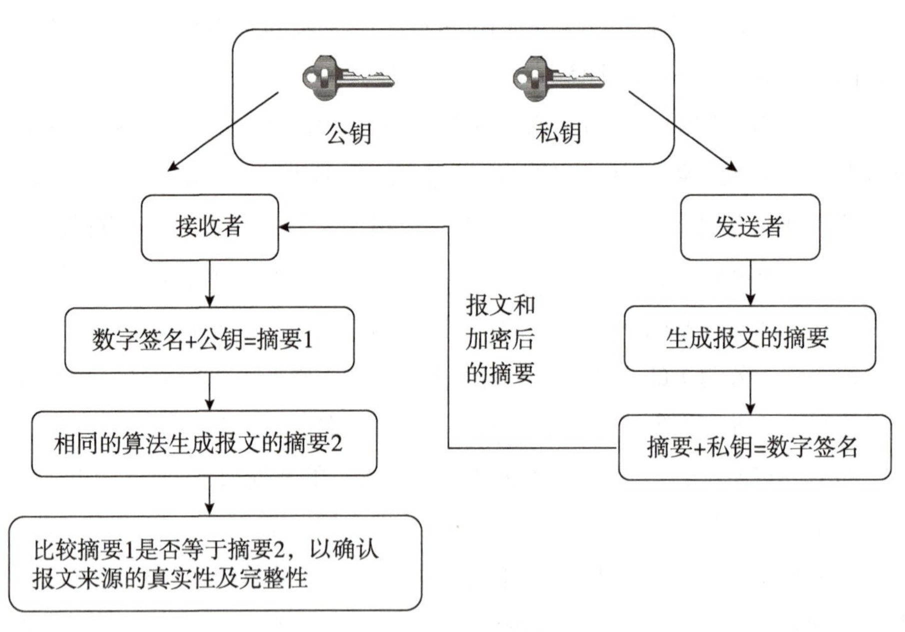

（b）数字签名模型

图5–17　数据加密模型和数字签名模型

数字签名模型与数据加密模型正好相反，它是一种类似于写在纸上的普通物理签名，但是使用了公钥加密领域的技术实现，用于鉴别数字信息的方

法。首先还是需要通过特殊的算法生成一对密钥（公钥和私钥），其中私钥交给发送方保存，不得公开，而公钥则可以以任意方式交给接收方使用。在进行数字签名时，信息的发送者要使用哈希函数（也称散列函数）将发送的报文提取摘要，然后使用私钥对这个摘要进行加密，生成所谓的数字签名。接下来发送方将报文的数字签名和报文一起发送给接收方。接收方得到这些数据后，首先将发送方的数字签名用配对的公钥进行解密，得到一个解密后的摘要，我们称之为摘要1；然后接收方再用与发送方一样的哈希函数从接收到的原始报文中计算出报文摘要，我们称之为摘要2。如果摘要1与摘要2相等，则认为接收到的这段报文确实来自于发送方，且报文的内容完整，真实可靠；否则则认为接收到的报文是有问题的，内容不可信。数字签名主要用于报文发送方身份的认证以及发送报文内容完整性的鉴定。

在上述的数据加密和数字签名中，公钥、私钥、加密/解密算法是构成系统的关键要素。所谓“使用公钥对要传输的文件进行加密并生成密文”，就是通过加密算法和公钥对明文进行加密操作，生成密文。所谓“使用私钥将密文解密”就是通过解密算法和私钥对密文进行解密操作，生成明文。这里加密算法和解密算法互为逆算法，它们都可以通过公钥或私钥对数据（明文或密文）进行加密和解密的操作。如果用P_k表示公钥，S_k表示私钥，$E(x)$表示加密算法，$D(x)$ 表示解密算法，C表示密文，M表示明文，则数据加密过程可表述为：

$$C=E(P_k, M)$$

数据解密过程可表述为：

$$M=D(S_k, C)$$

数字签名过程可表述为：

$$C=E(S_k, M)$$

签名认证过程可表述为：

$$M=D(P_k, C)$$

其中加密算法$E(x)$和解密算法$D(x)$互为逆操作，可以抽象为逆函数，即$E^{-1}(x)=D(x)$，而且$E(x)$不同于一般意义上的数学函数，它属于一类单向陷门函数。

所谓单向陷门函数是指拥有一个陷门的特殊单向函数。首先它是一个单向函数，也就是说在一个方向上易于计算而反方向却难于计算。但是，如果知道那个秘密的陷门，则也能很容易在另一个方向计算这个函数。在公钥密码体制中，加密算法$E(x)$就是一种单向陷门函数，使用公钥P_k可以很容易地将明文M解密成密文C，但是如果反向计算，将密文C解密为明文M则是一件非常困难的事情（至少在可接受的时间范围内是无法破解成功的），然而如果我们掌握了私钥S_k这个陷门，解密过程也会变得十分容易。这就是公钥密码体制的理论基础，也是公钥密码体制的安全性所在。

以上只是简单地介绍了公钥密码体制，以及数据加密模型和数字签名模型。公钥密码学的内容十分丰富，里面涉及的数学理论也比较复杂，有兴趣深入研究的读者可以参考《密码学》《数字信息安全》等专业书籍。

5.3.2　U盾的基本原理

以上简单地为大家介绍了非对称密码体制（公钥密码体制）的基本原理以及数据加密模型和数字签名模型。在此基础上我们就可以比较容易的理解U盾的工作原理了。

U盾的工作原理其实是一种基于公钥密码体制的双向认证机制。所谓双向认证就是使用U盾的用户需要对银行的身份进行识别和认证，同时银行系统也要对使用U盾的用户身份进行识别和认证。这种双向认证机制在网银系统中是十分普遍，也是十分必要的。首先，用户需要对银行系统的身份进行识别和认证，这样可以杜绝一些钓鱼网站的欺骗，使我们不会轻易地泄漏个人信息。其次，银行系统也要对U盾用户的身份进行认证，这样才能避免用户的账号被他人盗用，从而最大限度地保证用户的利益。U盾的这种双向认证机制可用图5-18简单地进行描述。

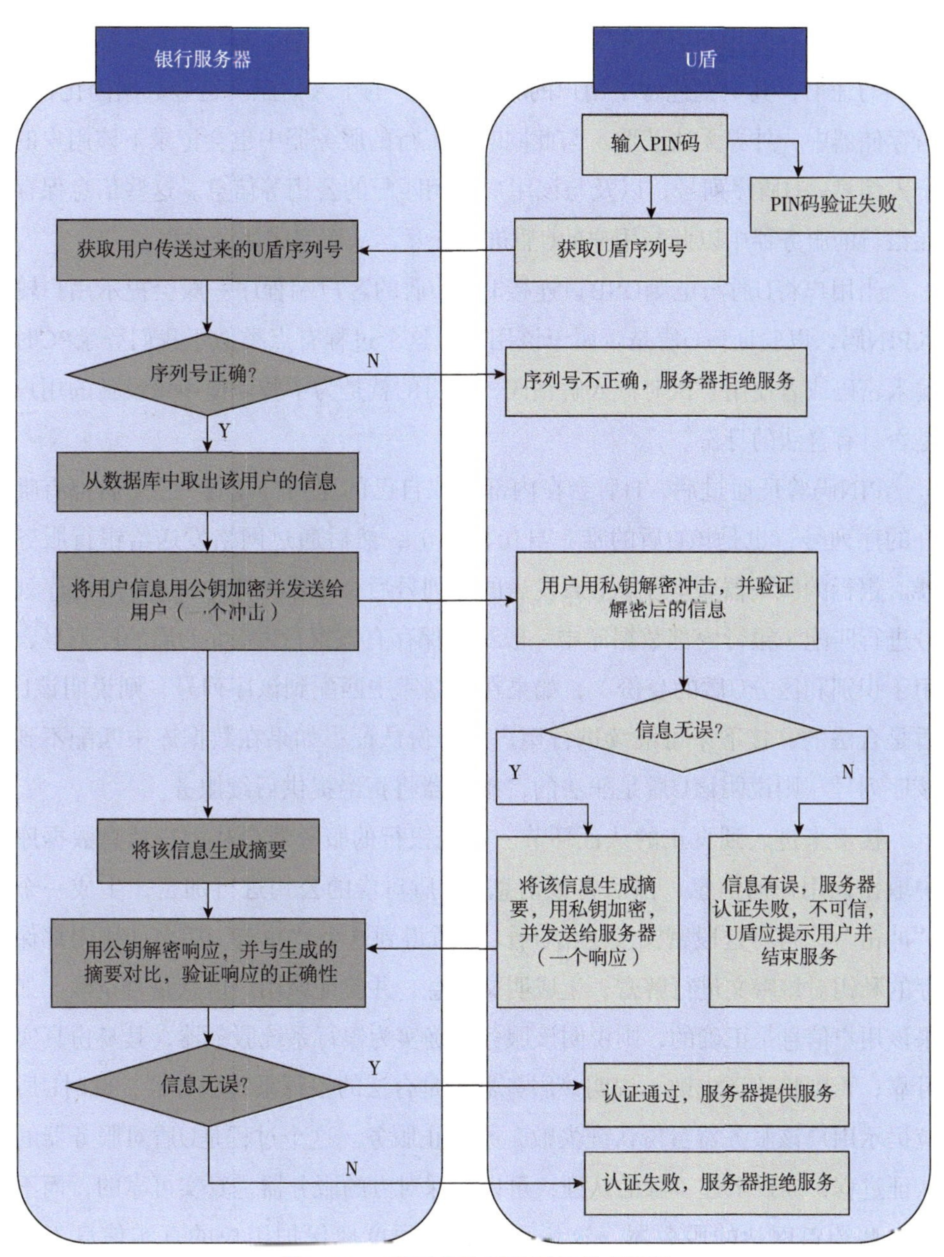

图5-18　U盾双向认证机制的基本流程

图5-18描述了U盾双向认证机制的基本原理。上述步骤可能跟U盾的实际工作流程有所区别，但是其中的基本原理是相同的，大家可以此作为参考。

首先银行为用户开通网银时会赠送给用户一个U盾，该U盾中保存有这位用户的证书，其中就包含了用户的私钥和用户的个人信息。这些数据固化在U盾存储器中，外界无法获取。与此同时，银行的服务器中也会记录下该用户的个人信息、U盾序列号，以及与该用户私钥匹配的公钥等信息。这些信息保存在银行的服务器中以此与用户的U盾进行交互，从而完成认证过程。

当用户将U盾与电脑USB口连接时，U盾的客户端程序一般会提示用户输入PIN码，以验证该U盾是否属于该用户。这个过程有点类似于我们登录PC时输入密码或者使用手机时输入解锁码，其目的就是为了验证使用该设备的用户是否具有合法的身份。

PIN码验证通过后，U盾会在内部获取自己的序列号（每一支U盾都有唯一的序列号，也是该U盾的唯一身份标识），然后通过网络发送给银行服务器。银行的服务器获取了该U盾发送的序列号后会跟数据库中保存的U盾序列号进行匹配（银行内部数据库中一般都会保存有该银行发行的U盾的序列号，用于识别和区分U盾的身份），如果在数据库中匹配到该序列号，则说明该U盾是合法的，接下来可继续进行用户的身份认证；如果在数据库中匹配不到该序列号，则说明该U盾是非法的，服务器将拒绝提供后续服务。

接下来进入到真正的认证环节。首先银行的服务器会从用户信息数据库中取出该用户的信息，然后将该信息用U盾对应的公钥进行加密，生成一个“冲击”，再将这段密文发送给U盾。U盾得到这个“冲击”后会使用内部保存的私钥对该密文进行解密，生成明文信息，并验证该用户信息是否正确。如果该用户信息是正确的，则说明该服务器确实为银行系统服务器，其身份真实可靠；否则将认证失败，说明该服务器不是合法的银行系统服务器，此时U盾应提示用户该服务器身份认证失败，并中止服务。这个过程是U盾对服务器的认证过程，通过上述步骤的认证，可以确保对方的服务器是真实可靠的，而不是一些钓鱼网站的服务器，这样可以最大限度地保护用户的真实信息不被泄漏。

如果服务器认证通过，U盾会将服务器发送过来的用户信息通过特定的算法（一般为MD5算法）生成摘要1，并将信息和摘要1用私钥加密后一并发送给服务器，我们称之为一个“响应”。与此同时，银行服务器也已用相同的算法提取该信息的摘要2。当银行服务器获取了U盾返回的响应后，会用公钥解密该响应，得到摘要1，然后将摘要1与摘要2进行对比，如果相等则认为U盾的用户身份真实可靠，否则认为U盾用户身份不真实，拒绝提供服务。这个过程是服务器对U盾用户的认证过程，只有通过了服务器认证的用户才能正常登录网银进行各种操作。我们也很容易看出，用户身份认证的过程其实就是一个数字签名认证的过程。

通过网银服务器与U盾的双向认证，可以大大提高网上交易的安全性，避免第三方的恶意攻击和身份冒用。首先它可以最大限度地避免用户个人信息的泄漏，同时也避免了其他仿冒者非法登录到该用户账户的风险。另外，作为一个嵌入式的安全设备，U盾将用户的私钥与PC进行有效地隔离，并且一切加密、解密的操作都放在U盾中执行，这样大大降低私钥被窃取的风险。与此同时，使用U盾时需要用户输入PIN码并需要进行U盾的序列号认证，这样即使U盾意外丢失或被盗，也不会轻易被他人使用。可见U盾的威力确实不小，小小的U盾，却铸成了网上交易的安全屏障。

5.4 商品的身份证——条形码

当我们在超市购买食品时，条形码会出现在食物包装上；当我们在收银台结账时，条形码会出现在购物小票上；当我们在医院看病时，条形码会出现在医疗保障卡上；当我们在机场取票时，条形码会出现在飞机票上；当我们在商场逛街时，条形码会出现在衣服的价签上……条形码已经深入到我们的生活中，在我们身边无处不在。那么条形码是什么？条形码又分为多少种呢？本节将讨论一下这个话题。

条形码是将一组宽度不等的黑条（简称条）和空白（简称空），按照一定的编码规则排列，用以表示一定的字符、数字及符号组成的信息。条形码可以标识物品的生产国、制造厂家，商品名称、生产日期，图书分类号，邮件起止地点、类别、日期等许多信息，因而在商品流通、图书管理、邮政管理、银行系统等许多领域都得到广泛的应用。看似不起眼的一个条形码，确是唯一标识一件商品的“身份证”。

条形码虽然外观上看起来大同小异，但实际上种类非常繁多。如果按照编码特点来分，可以分为宽度调节法编码和模块组合法编码，而这两种不同特点的编码方式又会衍生出数十种条形码。

5.4.1 宽度调节法编码的条形码

按照宽度调节法进行编码的时候，窄单元表示逻辑值0，宽单元表示逻辑值1，其中宽单元的宽度一般是窄单元宽度的三倍。如图5-19所示。

图5-19 宽度调节法编码的条形码示意

最为常见的根据宽度调节法编码的条形码有“标准25码”和“交叉25码”两种，下面我们分别介绍一下。

标准25码

最常见的利用宽度调节法进行编码的条形码是CODE25条码，也称为标准二五码。由于这种编码方式通过五位二进制数对数字0～9进行编码，因此称为二五码。

通过表5-3可以看出，标准二五码中每个数字编码由五个条组成，其中两个为宽条，三个为窄条，因此任何一个数字对应的二进制编码都是由两个1和三个0组成。例如，数字6的条形码为窄宽宽窄窄，其对应二进制编码为01100。标准二五码中的空单元不代表任何信息，通常空单元的宽度与窄条的宽度相同。

表5-3　标准25码的组成

数字	二进制编码	条形码	数字	二进制编码	条形码
0	00110		5	10100	
1	10001		6	01100	
2	01001		7	00011	
3	11000		8	10010	
4	00101		9	01010	

我们下面通过一个例子对标准二五码进行分析。如图5-20所示，每一个条形码都有一个起始符和一个终止符，表示条形码的开始和结束。在标准二五码中，用宽宽窄（110）表示起始符，宽窄宽（101）表示终止符，起始符与终止符之间的部分是数据区。

条形码扫描器对标准二五码进行扫描的时候，首先扫描到起始符，表示即将扫描数字区，然后扫描五个条，宽窄窄窄宽（10001），根据编码方式可知对应数字1；继续向后扫描五个条，窄宽窄窄宽（01001），对应数字2，以此类推，一直扫描到终止符之前的五个条，宽窄窄宽窄（10010），对应数字8，然后继续扫描发现终止符，扫描过程结束。

图5-20 标准25码示例

标准二五码只用条单元表示真正的编码信息，而空单元只是单纯的用来对条进行分割，因此标准二五码的编码方式属于不连续编码，而不连续编码一个显著的缺点就是没有充分利用所有宽度，因此在编码进化的过程中，这种编码方式的应用范围逐渐缩小，已经被连续编码方式替代。

交叉25码

为了克服标准二五码中不连续编码的缺点，提高编码的密度，人们对标准二五码进行改进，发明了更加高效的编码ITF25码，也称为交叉二五码。ITF是英文Interleaved Two of Five简称，其中单词“interleave”的原意是指在画册中为了防止邻近画片的着色互相荫入而在每页之间插入的白纸，该词形象地说明了交叉二维码的编码方式。

交叉二五码与标准二五码对于单个数字的编码是类似的，每一个数字的编码都是由两个宽单元和三个窄单元构成，对应的二进制编码为两个1和三个0。注意这里面并没有说是宽条和窄条，因为在交叉二维码中，空单元也用于表示信息，并且与条一样分为宽单元和窄单元，也称为宽空和窄空。交叉二五码中五个条与五个空一起表示两个数字。

下面我们通过一个例子对交叉二五码进行分析。如图5-21所示，交叉二五码的起始符和终止符与标准二五码不同，其中起始符由两个窄条和两个窄空一共四个窄单元（0000）构成，终止符由一个宽条、一个窄条和两个窄空（1000）构成。需要强调的是，空单元与条单元表示一样的信息，窄条与窄空都表示0，宽条与宽空都表示1。

条形码扫描器对交叉二五码进行扫描的时候，首先扫描到起始符，表示即将扫描数字区，然后条空相间的扫描五个条和五个空，其中五个条表示第一个数字，五个空表示第二个数字。对于本例来说，五个条为宽宽窄窄窄

（11000），对应数字3；五个空为宽窄窄窄宽（10001），对应数字1，至此完成了一对数字的扫描。按照这种扫描方法直到扫描到终止符前面的数字对，五个条为宽窄窄宽窄（10010），对应数字8，五个空位宽窄宽窄窄（10100），对应数字5，然后继续扫描发现终止符，扫描过程结束。

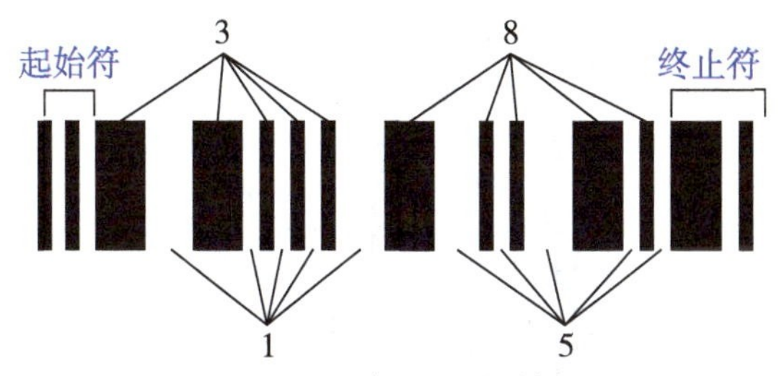

图5-21 交叉25码示例

通过分析我们不难看出，相比于标准二五码，交叉二五码利用了空单元表示的信息，采用连续编码方式，因此，对于同样的数据采用交叉二五码进行编码所得到的编码长度更短，更加节省空间。

5.4.2 模块组合法编码的条形码

按照模块组合法进行编码的时候，条单元表示逻辑值1，空单元表示逻辑值0，每个单元的宽度是相同的。为了便于阅读，我们在空单元四周加上边框，如图5-22所示，实际的条形码中，空单元是没有边框的。

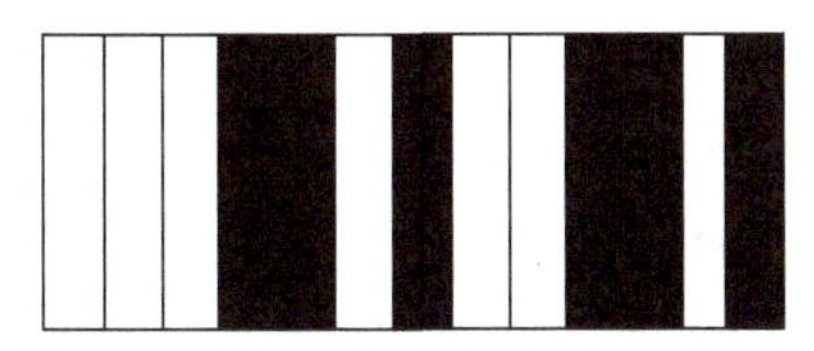
图5-22 模块组合法编码的条形码示例

最为常见的模块组合法编码是UPC码，下面我们简要地介绍一下。

UPC码

最常见的利用模块组合法进行编码的条形码是UPC码，作为一种固定长度且连续编码的条形码，最早在美国的各大百货公司使用，后来逐渐推广到整个北美地区，用于表示唯一一种商品。

UPC编码有五个版本——UPC-A用于通用商品、UPC-B用于医药卫生领域、UPC-C用于产业部门、UPC-D用于仓库批发、UPC-E用于商品短码。五个版本的编码方式大同小异，我们以最常见的UPC-A为例进行说明，如图5-23就是一个典型的UPC-A编码条形码。

图5-23　UPC-A编码条形码示例

如图5-23所示，整个UPC-A条形码区域由起始符、系统符、左侧数据区、中间分隔符、右侧数据区、校验符和终止符构成。起始符用于标识UPC-A码的开始，编码为条空条（101），终止符用于标识UPC-A码的结束，编码同样为条空条（101）。中间符用于分割左侧数据区与右侧数据区，编码为空条空条空（01010），左数据区与右数据区采用不同的编码规则。系统符和校验符没有在图中标明，系统符夹在起始符与左数据区之间，校验符夹在右侧数据区与终止符之间。其中起始符、系统符、中间符、校验符、终止符在长度上要比左侧数据区和右侧数据区略长一些。

在最下方有一排供人阅读的数字，中间的十个数字分别对应左数据区和右数据区的内容；起始符外侧的数字为系统字符，根据商品的类别决定；终止符外侧的数字为校验符，根据数据区内的编码通过某种规则计算而得。

UPC-A编码如表5-4所示，每一个数字的编码均由7个单元构成，因此这种编码方式是定长的。在左侧数据区中，每一个编码都是由奇数个条单元和偶数个空单元构成，准确地说，是由3个条单元和4个空单元或者5个条单元和2个空单元构成。在右侧数据区中，每一个编码都是由偶数个条单元和奇数个空单元构成，准确地说，是由4个条单元和3个空单元或者2个条单元和5个空单元构成。例如，数字9如果出现在左侧数据区，其编码为0001011，如果出现在右侧数据区，其编码为1110100。

表5-4 UPC-A编码的组成

数字	左二进制编码	左条形码	右二进制编码	右条形码
0	0001101		1110010	
1	0011001		1100110	
2	0010011		11011100	
3	0111101		1000010	
4	0100011		1011100	
5	0110001		1001110	
6	0101111		1010000	
7	0111011		1000100	
8	0110111		1001000	
9	0001011		1110100	

下面我们通过一个例子来说明UPC-A条形码的读取。图5-24给出了一个

UPC-A编码的条形码示例，扫描器首先扫描得到起始符，也就是条形码最左边的三个单元，两个细条以及中间的细空，编码为条空条（101）。继续向右扫描七个单元，得到系统码，包含一个细空、一个细条、一个细空、一个四个单元宽度的粗条，因此得到编码为空条空条条条条（0101111），查看左条形码可知为数字6，在系统符中数字6表示标准UPC条形码。

图5-24　UPC-A条形码示例

扫描器继续扫描左侧数字区，仍然是每次读取7个单元，首先得到一个细空、一个四个单元宽度的粗条、一个细空、一个细条，因此得到编码为空条空条条条条（0111101），查看左条形码可知为数字3，然后通过同样的方法将左侧数字区五个数字编码依次读出。继续向右扫描五个单元得到细空与细条相间的中间符，编码为空条空条空（01010）。继续向右扫描右侧数字区，与左侧数字区的处理方式相同，每次读取7个单元，首先得到一个三个单元宽度的粗条、一个两个单元宽度的粗空、一个细条、一个细空，因此得到编码为条条条空空条空（1110010），查看右条形码可知为数字0，然后通过同样的方法将右侧数字区五个数字编码依次读出。

扫描器继续向右扫描7个单元，得到校验码，包含一个细条、一个四个单元宽度的粗空、一个细条、一个细空，因此得到编码为条空空空空条空（1000010），查看右条形码可知为数字3。继续扫描得到终止符，也就是条形码最右边的3个单元，两个细条以及中间的细空，编码为条空条（101），至此整个UPC-A条形码扫描完毕。

除了我们介绍的几种条形码，国际上广泛使用的条形码还包括在欧洲通用的EAN码（用途类似于北美的UPC码），用于血库、航空邮件领域的库德巴码，用于汽车行业、材料管理、医疗卫生领域的39码，用于图书管理领域的

ISBN码等。

条形码的种类繁多，在此不再赘述，总之它是每件商品的唯一标识，就像我们的身份证号一样，因此条形码在许多领域都被广泛地应用。

5.5 搜索引擎是怎样检索的

搜索引擎通过在互联网中收集信息，并对信息进行一定的组织和处理之后为用户提供检索服务。在当今，许多互联网用户都将谷歌或者百度设置为自己的浏览器首页，可见搜索引擎已经成为我们日常生活中获取讯息、解决问题的重要工具之一。过去需要在资料堆里检索半天的信息现在只需输入关键字再轻点鼠标便可得到，真可谓一键便知天下事。

那么像Baidu，Google这样的搜索引擎究竟是怎样工作的呢？当你在Baidu的输入框中输入一个你感兴趣的词汇，点击“百度一下”时，满满一屏相关网页的链接就会瞬间呈现在你面前，想起来也确实是件神奇的事情。这是怎样做到的呢？

5.5.1 从“爬虫”说起

要想一键搜索出你想得到的内容，首先在搜索引擎的服务器当中需要保存尽可能多的网页内容，这是检索的基础。正所谓“巧妇难为无米之炊”，如果在搜索引擎的服务器当中保存的网页内容很少，那么检索的效果一定非常差。一个好的搜索引擎，其中一个重要的基础就是储备海量的网页，这样搜索出来的内容才全面，才有可能满足用户的需求。互联网如此庞大，如何获取这些网页的内容呢？我们需要“爬虫”这样一个工具。

“爬虫”是一种自动获取网页内容的工具，它不是现实生活中令人作呕的虫子，而是一个相当有趣的软件，它能将整个网络中的内容尽可能多的抓取下来。那么爬虫是如何发现这些网页的呢，我们首先简述一下爬虫的工作原理。

设想整个网络是一个城市公交系统，网页相当于公交系统中的车站，发现所有网页的过程就好像沿着公交线路将所有车站都经过一遍。车站A到达车站B是通过A到B之间的线路，也就是说只要两个车站之间存在一条通路，我们就可以通过车站A发现车站B。对于网页来讲，网页A到达网页B是通过A到B之间的链接，也就是说只要两个网页之间存在着一条链接，我们就可以通过网页A发现网页B。

“爬虫”的工作原理就是首先给定一个起始网址，爬虫直接获取起始网址的内容，找出起始网址中所有的链接，并将所有链接放到一个列表里面；处理完起始网址之后，从列表中取出一个链接网址，获取这个链接网址的内容，并将该网页中所有的链接依次添加到列表的末端；处理完该网页之后再从列表中取出下一个链接网址。因此整个流程可以简述为从列表头部获取链接进行处理，并将该链接对应网页中的新链接添加到列表尾部的循环过程。

我们看一个具体的例子。假设给定起始网址A，“爬虫”处理网址A并发现A中含有链接B和C，因此将B和C添加到列表尾部[B、C]，处理完A后从列表头部取出B，此时列表中只剩下[C]，处理B的时候发现B中含有链接D、E和F，将其全部添加到列表尾部[C、D、E、F]，处理完B后再从列表头部取出C，此时列表为[D、E、F]，然后继续处理C，以此类推。

实际的爬虫程序要更加复杂，有很多细节需要处理：为了加快抓取网页内容的速度，多个“爬虫”会同时工作，分别从不同的起始地址开始抓取网络中的内容；增加冲突检测机制，既避免了网页在没有更新的情况下重复抓取从而提高了效率，又保证了网页在发生更新之后会被重新抓取从而提高了精度；为了保证抓取到的网页都是质量良好的有价值的网页，通过网页过滤算法对网页内容进行分析，排除没有价值的无效垃圾网页。

这里还需要指出一点，“爬虫”根据链接抓取网页内容，但是网页的所有者可以决定“爬虫”是否有权抓取网页内容，因此“爬虫”在抓取网页内容之前首先要查看权限文件，如果权限文件中显示的声明网页由于隐私或者安全的考虑，禁止“爬虫”抓取数据，那么“爬虫”就应该放弃该网页转而继续处理下一个网页。

5.5.2 搜索神器——索引

索引这个专业术语读者听起来可能有点陌生，简言之，建立索引的过程就是建立关键词与文章之间的对应关系。

由于“爬虫”抓取的网页数以亿计，当我们在百度搜索中键入关键词后，如果搜索引擎从上亿个网页中逐一搜索的话，理论上肯定可以完成，但是效率会非常低下，用户体验也非常差。因此搜索引擎会事先建立好关键词与网页的对应关系，通过用户输入的关键词，根据索引就可以直接找到相关的网页。

下面通过一个具体的实例来看一看索引建立的过程。假设有三个网页需要建立索引，为了便于说明，我们简化了网页的内容，每个网页只有一行文字，并给每个网页分配了一个唯一编号。此外还假设网页的内容为英文，主要是因为英文建立索引的逻辑更加简单，在后文中我们会阐述具体的原因。

网页001：Good good study，day day up.

网页002：I am a good student.

网页003：I ate two apples.

首先对网页001建立索引。通过分析可知网页包含四个单词：good、study、day、up。在分析的过程中要排除大小写因素，因此Good和good属于同一个单词。索引表的结构如表5-5所示。

表5-5 索引表1

关键词	网页编号
good	001
study	001
day	001
up	001

在实际建立索引的过程中，只保存网页编号的信息是远远不够的，许多附加信息都会影响搜索结果，因此也需要保存。例如关键词出现的次数、是否出现在标题、是否出现在第一段等。我们这里也加上关键词出现的次数这一信息，通过一个数字对关键词出现次数进行表示。例如（001，2）表示关键词good在网页001中出现两次，如表5-6所示。

表5-6 索引表2

关键词	网页编号与关键词次数
good	（001，2）
study	（001，1）
day	（001，2）
up	（001，1）

再对网页002建立索引。通过分析可知网页包含五个单词：I、am、a、good、student，但是我们并不把这五个关键词都加入索引表，因为这里面诸如I、am、a属于虚词，不会有人单独对这些虚词进行索引，而且这类虚词几乎会出现在所有的网页中，因此在建立索引的过程中我们将这类虚词忽略。在更新的索引表中我们也能看出，只有good和student两个词建立了索引，如表5-7所示。

表5-7 索引表3

关键词	网页编号与关键词次数
good	（001，2）（002，1）
study	（001，1）
day	（001，2）
up	（001，1）
student	（002，1）

最后对网页003进行分析。这里需要指出的是，添加到索引表里的关键词都是单词的原型，而非任意一种派生形式，例如ate是eat的过去式，因此加入索引表的关键词是原型eat而非ate；apples是apple的复数形式，因此加入索引表的关键词是原型apple而非apples。我们得到最终的索引表如表5-8所示。

表5-8　索引表4

关键词	网页编号与关键词次数
good	（001，2）（002，1）
study	（001，1）
day	（001，2）
up	（001，1）
student	（002，1）
eat	（003，1）
two	（003，1）
apple	（003，1）

当用户在搜索引擎中键入关键词good后，搜索引擎不会查看三个网页中的任何一个，而是直接到索引表中找出关键词good对应的网页编号，并根据网页编号将网页取出，返回给用户。

对网页进行分析提取关键词的过程叫做分词。在对英文网页进行分词的时候相对容易，因为只需要根据空格将每个单词拆分，有时候会有一些多个单词组成的词组。但是对中文网页进行分词就不同了，中文要复杂得多，不像英文那样每个词中间有空格，语言本身的二义性让中文分词显得非常困难。例如“发展中国家”是分成“发展中”“国家”还是“发展”“中国”“家”呢？因此许多IT企业将中文的分词技术专门作为一门科学在搜索引擎领域中进行研究。